Almut Bree

Tischdecken
nähen, gestalten, dekorieren

Almut Bree

SPASS AM NÄHEN

Tischdecken nähen, gestalten, dekorieren

Ravensburger Buchverlag

Die Deutsche Bibliothek –
CIP-Einheitsaufnahme

Tischdecken nähen, gestalten, dekorieren/Almut Bree. – Ravensburg:
Ravensburger Buchverl., 1997
(Spass am Nähen)
ISBN 3-473-42440-4

Fotos: Roland Krieg
Redaktion: Hildrun Lachmann
Zeichnungen: Elfriede Rummel
Umschlagfoto: Roland Krieg
Umschlaggestaltung:
Ekkehard Drechsel BDG
Layout/Herstellung: Adam Koller
Satz: DTP – QuarkXPress 3.31
Gesamtherstellung:
Himmer, Augsburg
Printed in Germany

99 98 97 3 2 1

ISBN 3-473-42440-4

Inhalt

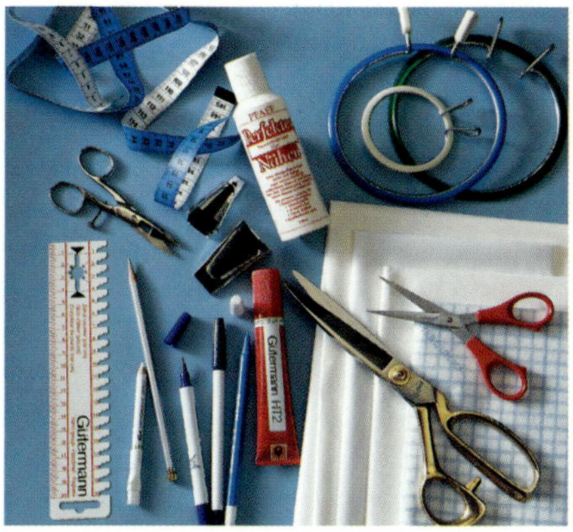

Einführung

Angesichts eines schön gedeckten Tischs spricht man in Fankreich von „Art de la table", wörtlich übersetzt „Die Kunst des Tisches". Damit ist der gedeckte Tisch als Ganzes gemeint: mit Tischdecke und passendem Porzellan, Servietten, Gläsern, Bestecken, Dekorationen und farblich darauf abgestimmtem Blumenschmuck.
Steht eine Festlichkeit bevor, suchen Sie alles liebevoll aus. Doch schon bei der Wahl der Tischdecke gibt es oft die ersten Probleme. Entweder hat sie nicht die richtige Größe – sie allein kann bereits für die Wirkung des gedeckten Tischs entscheidend sein –, oder die Farbe paßt nicht zu Ihrem Porzellan. Vielleicht hat sie auch ein zu auffälliges Dessin, das sich mit dem Dekor des Geschirrs nicht verträgt und das keine weiteren Dekorationen erlaubt. Sie müssen also einen Kompromiß schließen und sind darüber gar nicht glücklich!
Dabei ist es ganz einfach, und dazu viel preiswerter, Tischwäsche selbst zu nähen. Kaufen Sie einfach einen hübschen Stoff – die Auswahl an Farben und Mustern ist weit größer als bei fertigen Tischdecken – und setzen Sie sich an Ihre Nähmaschine.
Einige grundsätzliche Überlegungen sollten Sie allerdings anstellen, bevor Sie ans Werk gehen:

- Was paßt zu Ihrem Geschirr?

Betrachten Sie Ihr Porzellan noch einmal genauer: Auf welcher Grundfarbe wirkt es besonders schön? Verträgt es noch ein Muster, wenn es schon selbst ein Dekor besitzt? Empfiehlt es sich, eine Farbe aus dem Geschirr beispielsweise in einer Kante zu wiederholen?
Hat Ihr Service z. B. ein auffälliges Dekor, sollte die Tischwäsche in Farbe und Muster eher unauffällig sein. Ist es mit einem Blumenmuster verziert, können sich einzelne Blüten daraus auf der Tischdecke wiederholen. Oder Sie wählen als Kontrast zu den Blüten ein feines grafisches Stoffmuster. Ist Ihr Geschirr dagegen weiß, können Sie mit einem auffälligen Stoffdesign große Wirkung erzielen.

- Wo steht Ihr Eßtisch?

Haben Sie ein separates Eßzimmer, spielt der Tisch die dominierende Rolle und kann entsprechend auffällig gestaltet sein.
Als Teil des Wohnzimmers dagegen sollte er mit den übrigen Möbeln korrespondieren, und die Farben und Muster der Tischwäsche müssen mit denen der anderen Heimtextilien harmonieren.
Ist der Eßtisch Teil der Küche, spielt die Farbe der Küchenmöbel eine große Rolle. Bedenken Sie auch die glänzenden Flächen der Spüle und möglicherweise der Möbel; in diesem Fall empfiehlt sich ein matter Stoff, dessen Farbe sich von der der Oberflächen absetzt. So erscheint der Eßplatz als etwas Besonderes.
Essen Sie im Sommer im Garten oder auf der Terrasse, ist eine schlichte Gestaltung der Tischwäsche angebracht, denn sie sollte auf keinen Fall mit der Schönheit der Blumen konkurrieren.
Bei Festen steht der gedeckte Tisch im Mittelpunkt und wird daher besonders schön geschmückt. Entsprechend aufwendig dürfen Tischdecke und Servietten sein. Apropos Servietten: Stoffservietten müssen zwar gewaschen und gebügelt werden – doch macht ihr edles Aussehen nicht alle Mühe wieder wett?
Mit diesem Buch möchte ich Ihnen nicht nur die notwendigen Grundkenntnisse für das Nähen und Gestalten von Tischwäsche jeder Art – Decken, Sets, Läufer und Servietten – vermitteln, sondern vor allem auch viele Anregungen geben. Schauen Sie sich die vorgestellten Beispiele an und entwickeln Sie daraus Ihre eigenen Kreationen. Beziehen Sie dabei auch Ihre Nähmaschine mit ein bzw. welche Möglichkeiten sie bietet. Ganz sicher können Sie mit ihr z. B. eine einfache Raupennaht sticken, doch vielleicht steht noch eine Reihe von Zierstichen zur Verfügung? Betonen Sie hier eine Kante, sticken Sie dort eine Kleinigkeit, „signieren" Sie Ihr Werk mit Ihren Initialien. Und vor allem: Trauen Sie sich auch eigene Entwürfe zu, seien Sie kreativ!
In diesem Zusammenhang spielen natürlich auch die Tischdekorationen eine große Rolle. Eine schöne Tischdecke kommt erst dann voll zur Geltung, wenn die Dekorationen sorgfältig auf sie abgestimmt sind. Soll ein gedeckter Tisch z. B. eher rustikal wirken, stellen Sie Gartenblumen in einem Tonkrug auf den Tisch, oder Sie ergänzen das Arrangement durch Zinnkrug und Zinnbecher. Geht es beim Tafeln eher elegant zu, sind Glasvasen und Silberleuchter die richtige Wahl. Ein „großes" Essen erhält durch Platzteller und Servietten mit Monogramm festlichen Glanz.
Schauen Sie sich auch daraufhin die gezeigten Vorschläge an und lassen Sie sich inspirieren. Bei einem guten Essen können Sie dann Ihr „Gesamtkunstwerk" von Familie und Freunden bewundern lassen. Ich wünsche Ihnen gutes Gelingen!

Almut Bree

ACEFDB
abcdefghik
ABCDEFGHIJKLMNOPQR
ABCDE
ID
ABCDEFI
ABCDEFGHI
ABCDEFGHI
AB

Material, Werkzeug, Technik

Das Nähen von Tischwäsche setzt keine besonderen Fertigkeiten voraus. Ganz im Gegenteil: Das Verarbeiten von glatten Stoffstücken – egal ob quadratisch, rechteckig oder rund – ist wesentlich unkomplizierter als z. B. das Nähen von Kleidungsstücken.
Wichtig sind jedoch exakt gearbeitete Nähte, Säume und Ecken. Auch die richtige Wahl der Werkzeuge, Hilfsmittel und nicht zuletzt des Stoffs sind mit entscheidend für den Näherfolg.

Material und Werkzeug

Die Nähmaschine und der richtige Stoff – das sind die wichtigsten „Zutaten“ für das Anfertigen von Tischwäsche. Auch wenn Sie nur ein einfaches Modell besitzen, können Sie dekorative Stücke nähen.
An Tischdeckenstoffe werden hohe Anforderungen gestellt: Sie sollen gut aussehen, in vielen Farben und Dessins zu kaufen sein, in Breiten bis 230, 280 oder sogar 300 cm gewebt, gut waschbar, leicht zu bügeln, einfach zu besticken und lange haltbar sein. Trotz dieser geforderten Eigenschaften sollen sie möglichst wenig kosten.
Der Preis spielt natürlich eine Rolle, doch rate ich Ihnen: Kaufen Sie Qualitätsware – auch wenn Sie dafür mehr zahlen müssen. Nur dann haben Sie lange Freude an Ihrer selbstgenähten Tischwäsche.

Stoffe

Baumwollstoffe (1) sind die für Tischwäsche am meisten verwendeten Gewebe – neben **Baumwoll-Synthetik-Mischungen (2).** Es gibt sie uni oder gemustert, in verschiedenen Stärken und Breiten.
Baumwolle mit Leinen vermischt (3) ist für Tischwäsche ebenfalls sehr gut geeignet. Diese Gewebe sind sehr haltbar und wirken leicht rustikal.
Piqué (4) ist ein Baumwollstoff mit reliefartiger Musterung, der schon für sich allein sehr dekorativ und daher für Tischwäsche gut geeignet ist.
Reines Leinen (5), inzwischen selten und recht teuer, ist nach wie vor unübertroffen in Aussehen und Haltbarkeit. Grob gewebt paßt es gut zum Landhausstil, mit feinen Jacquardmustern wirkt es sehr elegant.
Leinen ist ebenfalls in verschiedenen Stärken und Breiten erhältlich. Feste Qualitäten für Tischdecken werden nur in wenigen Grundfarben angeboten, leichtere Leinenstoffe, wie man sie auch für Kleidung verwendet, gibt es in diversen Naturtönen, aber auch in vielen Modefarben.
Leinen- und Leinen-Baumwoll-Stoffe werden bis zu 300 cm Breite angeboten (s. Seite 95).
Damast (6) ist ein Gewebe aus Baumwolle oder Leinen mit großflächiger Jacquardmusterung. Ein traditionelles Material für Tischwäsche.
Batist (7) und Organdy (8) sind sehr feine, leicht durchscheinende Stoffe, die nur für Mitteldecken, Servietten

oder Tischläufer geeignet sind. Bestickt sehen sie besonders hübsch aus.
Mousseline (9) ist ein sehr feines, lockeres und leicht durchsichtiges Gewebe aus Leinen, Baumwolle oder aus Mischfasern. Er ist von 230 bis 300 cm Breite zu haben, da er auch als Gardinenstoff verwendet wird.
Lurexstoff, für Tischwäsche ein eher ungewöhnliches Material, besteht aus Polyester mit eingewebten Metallfäden. Da letztere die Wärme des Bügeleisens weiterleiten, schmilzt der Polyesteranteil sehr leicht. Daher ist Vorsicht beim Bügeln geboten. Lurex ist nur von Hand waschbar.
Pflegetips: Alle Stoffe, ob Leinen, Baumwolle oder Mischgewebe, sollten möglichst schonend gewaschen werden. Meist genügen 60° Waschtemperatur. Vermeiden Sie zu starkes Schleudern, denn die dadurch entstehenden Falten müssen später mühsam wieder ausgebügelt werden.
Bügeln Sie Baumwolle und Leinen in sehr feuchtem Zustand mit einem einfachen Eisen. Lassen Sie die Sachen aber gut nachtrocknen, damit keine Stockflecken entstehen; am besten hängend, über ein dickes Rundholz gelegt (s. Abb. Seite 6).
Zum Entfernen von Flecken hat sich Gallseife bestens bewährt. In leichteren Fällen genügt es, Fleckensalz mit in die Waschmaschine zu geben. Bei frischen Rotweinflecken wirken einige Tropfen Weißwein Wunder.

Garne

Maschinennähgarne müssen vor allem reißfest sein und viele Wäschen überdauern. Sie sind in Baumwolle oder Polyester erhältlich, ca. 400 Farben stehen zur Wahl.
„Transparentgarn" oder „Monofil", spezielle Maschinennähgarne aus Polyester, sind in Nähten „unsichtbar". Sie sind in heller und dunkler Einfärbung erhältlich. Man verwendet sie z. B. auch als Oberfaden für mit der Nähmaschine ausgeführte Quiltnähte, damit nur der Dreifachstich des Unterfadens sichtbar wird.
Maschinenstickgarne sind feiner und weicher als Nähgarne und werden aus verschiedenen Materialien hergestellt: Polyestergarn ist leicht glänzend, sehr reißfest und in etwa 80 Farbtönen erhältlich. Reines Baumwollgarn wirkt dagegen matt. Es ist in verschiedenen Stärken und ebenfalls in vielen Farben erhältlich. Stickgarn aus Viskose ist stark glänzend; „Dekor" und „Rayon" sind Markennamen für besonders farbkräftige Qualitäten.
„Multicolorgarn", ein ebenfalls hochglänzendes Maschinenstickgarn, gibt es in mehreren Farbkombinationen.
„Ombré" ist die Bezeichnung für Stickgarne aus Rayon bzw. Viskose, bei denen die jeweilige Grundfarbe von hell nach dunkel wechselt.
„Metallic"-Stickgarne bestehen aus einem Polyesterfaden, der mit einem Metallfaden verzwirnt ist. Diverse Metalltöne stehen zur Wahl. Da diese Garne sehr spröde sind, kann man sie nur als Oberfaden verwenden. Als Spulenfaden für Metallicgarne, aber auch für Rayon- bzw. Viskosegarne, eignen sich „Dekor Bobbin" oder „Bobbinfil"; sie sind auch sehr praktisch bei mehrfarbigen Stickereien.

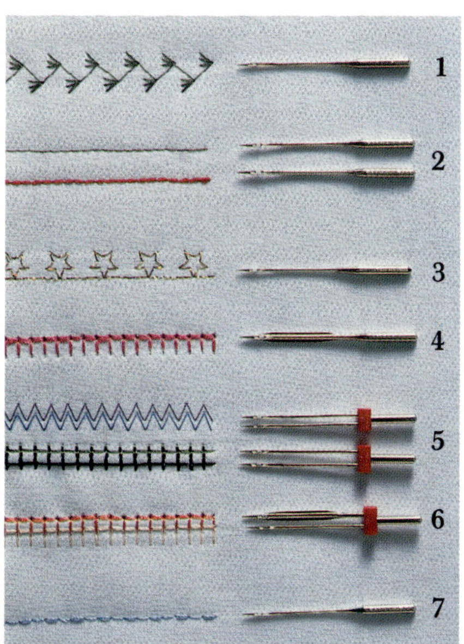

Nadeln

Nähmaschinennadeln gibt es in Stärken von 60 bis 100. Die Stärken 60 und 70 (**1**) sind für feine Stickarbeiten geeignet, 80 bis 100 (**2**) für Näharbeiten. Das Nadelöhr muß gut ausgeschliffen sein, sonst hakt der Faden und reißt. Für Metallic- und Rayon- bzw. Viskosegarne gibt es eine 80er Spezialnadel (**3**) mit besonders großem Öhr und glatten Kanten.

Hohlsaumnadeln (4) haben ein Schwert, das die Gewebefäden beim Einstechen zur Seite drückt, bevor sie mit dem Stickfaden umspannt werden. In leichten, weichen Stoffen entsteht dadurch ein Hohlsaumeffekt, ohne daß das Gewebe durch Herausziehen von Fäden geschwächt wird.
Zwillings- oder Doppelnadeln (5) sind zwei in einer Halterung angebrachte Nadeln, die mit zwei Oberfäden und einem Unterfaden nähen. Es entstehen zwei parallel verlaufende Ziernähte, Biesen oder Stickmuster. Die Nadeln sind mit 1,8 bis 4 mm Nadelabstand erhältlich.
Zwillings-Hohlsaumnadeln (6) sind eine Kombination von Hohlsaum- und Maschinennadel. Die Hohlsaumnadel näht einen Hohlsaum, die Maschinennadel stickt parallel dazu.
Quilt- oder Steppnadeln (7) wurden speziell für das Quilten mit der Nähmaschine entwickelt. Sie haben eine besonders glatte Oberfläche, an der die Wattierung nicht klebt.
Stecknadeln sollten eine feine Spitze haben. Bei größeren Arbeiten sind „Schwesternadeln" empfehlenswert.

Die Nähmaschine

Für die Näharbeiten in diesem Buch genügt schon eine einfache Haushaltsnähmaschine. Je mehr Nutz- und Zierstiche Ihre Maschine jedoch hat, um so vielfältiger sind die Möglichkeiten der Gestaltung. Beziehen Sie die technischen Gegebenheiten Ihrer Nähmaschine in die Gestaltung mit ein; auch ein ganz einfaches Modell hat zumindest den Zickzackstich, mit dem Sie bereits dekorative Raupennähte sticken können.

Nähmaschinenzubehör

Die Nähmaschinenfüße sind bei allen Nähmaschinenmodellen ähnlich, die wichtigsten meist im Zubehörkasten enthalten. Spezialfüße erleichtern ein exaktes Arbeiten sehr, so daß es die Mühe lohnt, sie einzusetzen. Die unten abgebildeten Maschinenfüße gehören zur *„Pfaff Creative"*.
Der Standardnähfuß (1) eignet sich für alle Näharbeiten und für einfache Zierstiche.
Der Zierstichfuß (2) ist breiter als der Standardnähfuß und garantiert einen sicheren Stofftransport bei engen Zierstichen.
Der Reißverschluß- oder Kantenfuß (3) ermöglicht u. a. das genaue und enge Einnähen einer Einzugskordel, wenn gleichzeitig die Nadel versetzt wird.
Die Meßschiene oder Knopflochsohle (4) näht Knopflöcher automatisch in der gleichen Länge.
Der Rollsäumer (5) übernimmt ein Einrollen des Stoffs, dessen Kante direkt gesteppt wird.
Der Biesenfuß (6) ist mit fünf und sieben Rillen erhältlich. In den Rillen werden die schon genähten Biesen geführt, so daß die neue Biese parallel dazu verläuft.
Der Kappfuß (7), speziell für Kappnähte entwickelt, ist ideal, um bei großen Tischdecken zwei Stoffteile zu verbinden; eine Tischdecke mit Kappnaht kann von beiden Seiten aufgelegt werden.
Der Mehrstichkräusler (8) legt Kräuselfalten oder kleine Falten in regelmäßigen Abständen.
Das Nähmaschinenlineal (9), auch Abstandhalter genannt, ist für exakt geführte parallele Nähte und darum gerade auch bei Patchworkarbeiten ideal. Der eingestellte Abstand zu einer Linie oder einer Kante kann sehr genau eingehalten werden, so daß sich das vorherige Aufzeichnen einer Linie erübrigt.

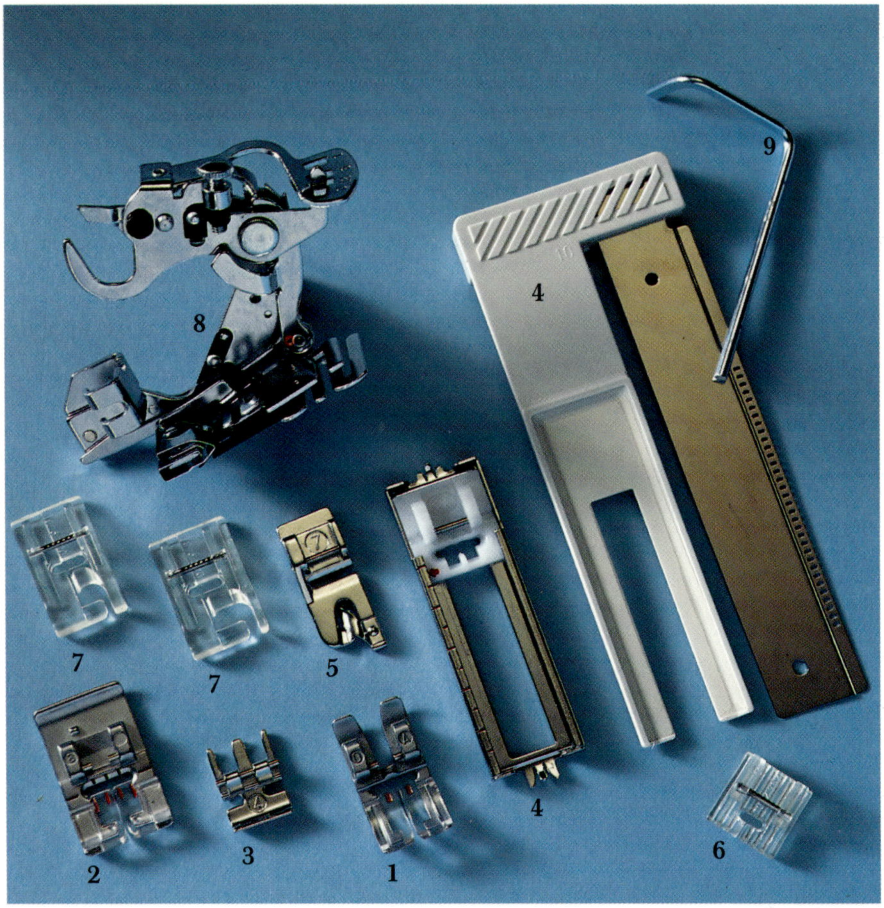

Scheren

Sie sollten immer von guter Qualität sein. Um saubere Schnittkanten zu erhalten, müssen stumpf gewordene Scheren fachgerecht nachgeschliffen werden.
Eine Schneiderschere (A, s. Abb. rechte Seite) ist für das genaue Zuschneiden unentbehrlich. Sie sollte nie zweckentfremdet werden!
Eine Arbeitsschere (B) sollte während einer Näharbeit immer bereitliegen. Sie ist für kleine Schneidearbeiten, z. B. das Zurückschneiden von Nahtzugaben, unentbehrlich.
Eine Knopflochschere(C) mit einstellbarer Schnittlänge wird für das genaue Einschneiden von Knopflöchern benötigt.

Ein Pfeiltrenner wird beim Auftrennen von Nähten und Stickereien eingesetzt. Ist er sehr scharf, kann man damit in festen Stoffen auch Knopflöcher einschneiden.

Weitere Hilfsmittel

Markierstifte (1, Abb. rechts) ermöglichen ein einfaches und genaues Markieren von Nahtlinien und Mustern. Sie lösen sich entweder allein durch die Luftfeuchtigkeit oder durch Ansprühen mit Wasser wieder auf und hinterlassen keine Spuren. Bei großen Werkstücken, wenn die Arbeit längere Zeit in Anspruch nimmt, empfiehlt sich ein Stift, der nur durch Ansprühen mit Wasser oder in der Wäsche gelöscht wird.
Markierkreide gibt es als Stifte **(2)** oder in Blockform. Sie eignet sich für leicht rauhe Stoffe und wird anschließend einfach wieder ausgebürstet.
Fixierstifte sind spezielle Klebestifte, mit deren Hilfe zwei Stofflagen kurzfristig zusammengehalten werden. Sie sind ideal, um Säume und Applikationen zu fixieren. Der Kleber wäscht sich wieder aus.
Textilkleber (3), wie z. B „HT2" von Gütermann, sind dauerhafte Kleber, die ideal für Applikationen, Bordüren, Säume, Leder oder unzugängliche Stellen geeignet sind.
Textilhärter (4) ist sehr nützlich, um dünne Stoffe an den zu bestickenden Stellen vorübergehend zu verstärken. Man streicht den Stoff damit ein und läßt ihn trocknen. Nach dem Sticken wird er einfach mit Wasser ausgewaschen.
Stickvlies (5) ist ein Vliesstoff, der unter das Werkstück gelegt und mit eingestickt wird. Er verhindert im Stickbereich ein Zusammenziehen des Stoffs und verstärkt ihn gleichzeitig. Nach dem Sticken wird der überstehende Rest abgeschnitten.
„Filmoplast H 54" (6) ist eine selbstklebende Stickunterlage, die, unter die Stickerei geklebt, nicht mehr verrutscht. Wie beim Stickvlies, verhindert Filmoplast ein Zusammenziehen des Stoffs während des Stickvorgangs.
„Bügelnaht" bzw. „Saumfix" sind beidseitig haftende Vliesstoffe, die zwischen zwei Stofflagen gebügelt werden; ein Verschieben des Stoffs ist dann nicht mehr möglich. Außerdem verhindern sie das Ausfransen von Schnittkanten.
„Rasterquick" (7) ist eine Vlieseinlage mit aufgedruckten Rasterquadraten (1 x 1 und 5 x 5 cm). Es ist eine ideale Nähhilfe für Patchworkarbeiten mit geometrischen Mustern.
„Vliesofix" (8) ist eine große Hilfe beim Applizieren. Das Motiv wird zuerst seitenverkehrt auf die glatte Papierseite gezeichnet, grob ausgeschnitten und dann auf die linke Stoffseite der Applikation gebügelt. Nachdem es danach exakt ausgeschnitten ist, wird das Trägerpapier abgezogen und das Motiv auf die vorgesehene Stelle gebügelt. Es verrutscht nicht mehr, der Stoff franst nicht aus.
„Vlieseline" ist die Bezeichnung für diverse Vliesstoffe, die als Stoffverstärker oder Wattierung verwendet werden. Es gibt sie in verschiedenen Stärken und Breiten.
Schrägbandformer (9) erleichtern das Falzen der Schnittkanten von zugeschnittenem oder gekauftem glatten Schrägband. Sie sind für 12 und 25 mm gefalzte Breite erhältlich.

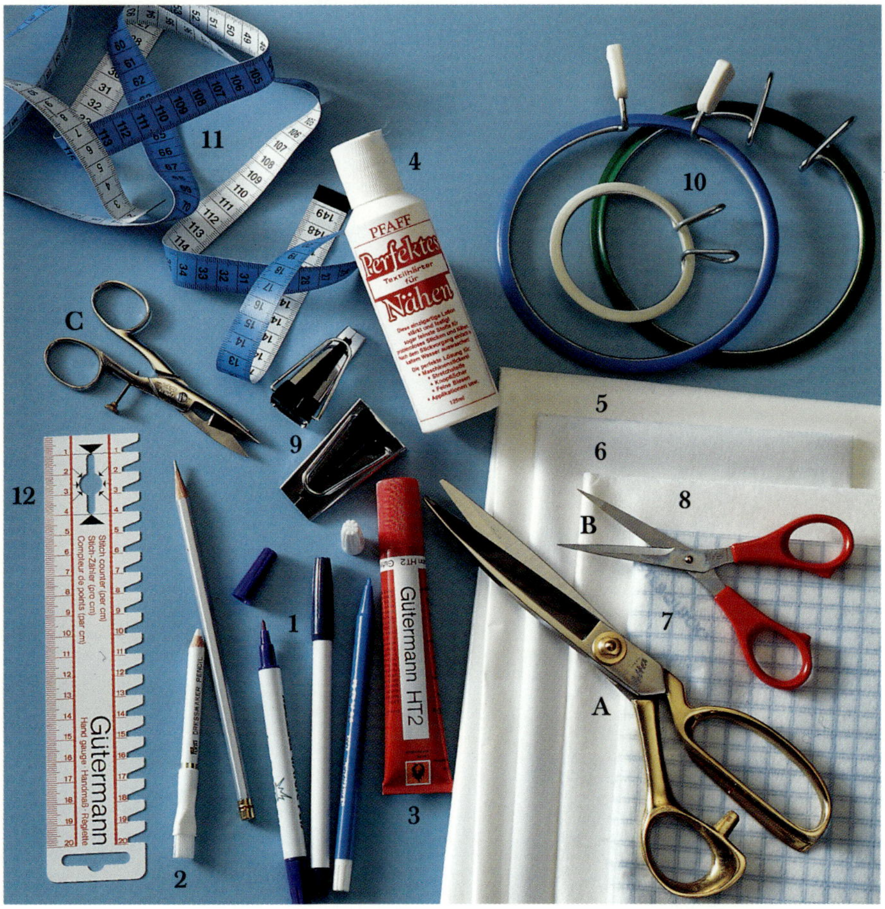

Stickrahmen (10) sind für das Sticken mit der Maschine unentbehrlich, denn sie straffen den Stoff, der sich sonst leicht zusammenziehen würde. Es gibt sie mit 6 und 12 cm Durchmesser. Der äußere Ring ist aus Kunststoff, der innere, mit zwei Griffen zum Einspannen, aus Metall.
Maßband (11) und **Handmaß (12)** dürfen bei keiner Näharbeit fehlen. Mit der gezackten Kante des Handmaßes lassen sich bei Säumen oder Nähten gleichmäßige Abstände gut auf dem Stoff markieren.

Eine ausführliche Materialübersicht mit genauen Produktbezeichnungen und Herstelleradressen finden Sie auf den Seiten 94/95.

Grundlegende Nähtechniken

Besondere Fertigkeiten brauchen Sie für das Nähen von Tischwäsche nicht. Die Nähtechniken beschränken sich hauptsächlich auf Nähte und runde oder gerade Säume mit den entsprechenden Ecken. Doch da eben diese bei Tischwäsche besonders stark ins Auge fallen und oft auch einen dekorativen Zweck erfüllen, sollten sie exakt und sauber ausgeführt sein.
Um das zu erreichen, müssen Nähdruck, Fadenspannung und Stofftransport gut aufeinander abgestimmt sein und der jeweiligen Stoffart entsprechen. Es empfiehlt sich daher, vor Beginn einer Näharbeit auf einem Rest des vorgesehenen Stoffs einige Probenähte zu steppen und daran die Einstellungen Ihrer Nähmaschine zu überprüfen.

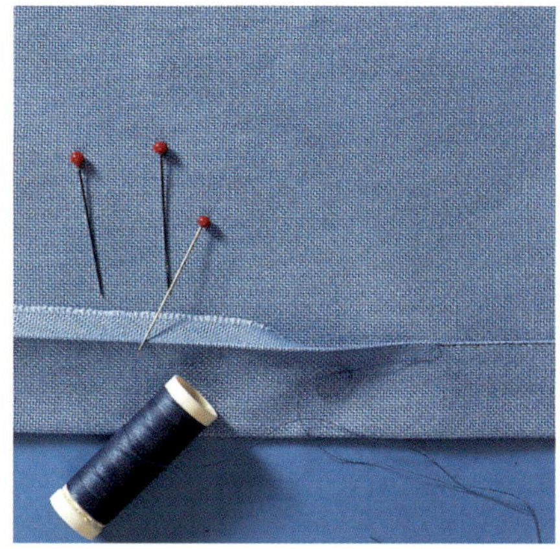

Bei geraden Kanten bereitet der Saum keine Schwierigkeiten. Die Saumzugabe wird umgebügelt, dann etwa 1 cm breit eingeschlagen und gebügelt. Mit Geradstich wird der Saum festgesteppt.

Kappnaht

Tischdecken bestehen in den meisten Fällen aus einem Stoffstück. Nur bei sehr großen Decken müssen zwei Stoffteile durch eine Naht verbunden werden. In solchen Fällen ist eine Kappnaht ideal. Diese Doppelnaht zeichnet sich durch besondere Haltbarkeit aus und hat zudem den Vorteil, daß eine damit versehene Decke, wenn beide Stoffseiten gleich aussehen, auch von beiden Seiten aufgelegt werden kann.
Legen Sie die Stoffteile links auf links, wobei die Schnittkante des unteren Stoffs 1 - 1,5 cm vorsteht, und steppen Sie eine Naht in füßchenbreitem Abstand (5 mm) zur kürzeren Nahtzugabe (**1**, Abb. oben). Bügeln Sie die Nahtzugaben gemeinsam zur Seite (**2**) und dann die obere, längere Nahtzugabe 5 mm breit nach innen. Stecken Sie die gebügelte Kante fest und steppen Sie sie knappkantig auf (**3**).
Vielleicht gehört zu Ihrem Nähmaschinenzubehör sogar ein Kappfuß; er ermöglicht das Umlegen der Stoffkante während des Nähvorgangs.

Säume

Bei quadratischen und rechteckigen Tischdecken, Sets oder Tischläufern genügt meist ein einfacher Steppsaum (Abb. rechts oben). Dafür wird erst die gesamte Saumzugabe umgebügelt und davon dann ca. 1 cm eingekippt und ebenfalls gebügelt. Der Saum wird nun gesteckt oder fixiert (Fixierstift) und knappkantig mit Geradstich aufgesteppt.
Normalerweise wird der Saum zur linken Stoffseite genäht, bei Stoffen mit gleich aussehenden Seiten kann er auch zur rechten Stoffseite geschlagen werden; das bietet sich besonders bei Hohlsäumen an oder wenn die diagonale Naht der Ecken auf der Vorderseite zu sehen sein soll.
Bei einer runden Schnittkante wird ebenfalls zunächst die volle Saumbreite zur linken Stoffseite gebügelt. Etwa 1 cm von der Schnittkante entfernt nähen Sie dann mit langen Geradstichen eine Stütznaht (Abb. rechts, Mitte). Ziehen Sie den Oberfaden leicht an, so daß der Saumeinschlag leicht gekräuselt wird, bis die

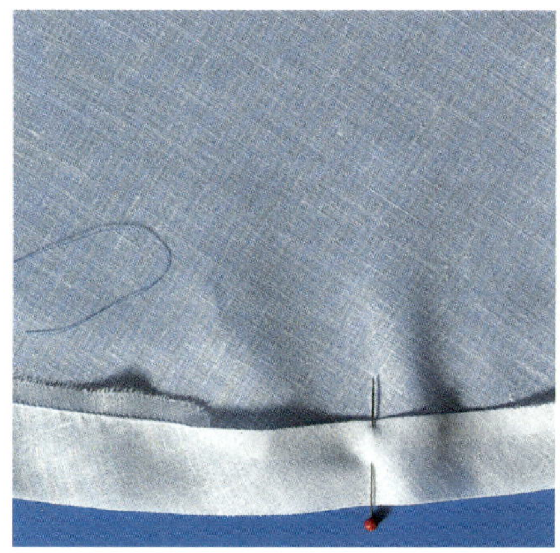

Bei einem runden Steppsaum ist die eingeschlagene Kante etwas weiter. Eine Stütznaht, deren Oberfaden leicht angezogen wird, hält den Stoff ein und erleichtert so das Aufsteppen.

Leichter als ein Steppsaum ist bei runden Schnittkanten meist das Einfassen mit Schrägband. Das Band wird zuerst mit der rechten Seite auf die linke Stoffseite genäht, dann zur rechten Stoffseite umgebügelt und dort mit eingeschlagener Kante aufgesteppt.

Schnittkante die Länge des Kreisumfangs hat. Bei dünnen Stoffen können Sie dann die Schnittkante bis zur Stütznaht einschlagen und den so gelegten Saum feststeppen. Bei dicken Stoffen verzichten Sie auf den Einschlag, versäubern nur die Schnittkante und steppen den Saum auf der Stütznaht fest.
Eine Alternative zum etwas kniffligen runden Steppsaum ist das Einfassen der Schnittkante mit Schrägband (Abb. linke Seite unten).
Noch besser und sauberer jedoch sieht bei runden Schnittkanten ein sogenannter falscher Saum aus. Er wird mit Hilfe von Schrägband oder eines aus dem Originalstoff zugeschnittenen Formstreifens gearbeitet. Das vorgefalzte Schrägband wird an einer Seite aufgeklappt, rechts auf rechts dicht neben der Falzlinie auf den Stoff gesteppt und dann so zur linken Stoffseite gebügelt, daß das Schrägband ganz auf der Stoffrückseite liegt. Die gefalzte Seite wird nun knappkantig aufgesteppt.
Ziehen Sie einen Formstreifen vor, muß dieser genau der Rundung der Decke folgend zugeschnitten werden. Wie er aufzunähen ist, wird anhand von Arbeitsfotos auf Seite 23 genau beschrieben.

Eine Ecke nähen

Ecken an quadratischen oder rechteckigen Tischdecken, Servietten, Sets oder Läufern erhalten durch schräges Einschlagen und Steppen der Saumzugabe eine diagonale Naht. Eine solche Briefecke sieht besonders bei breiten Säumen sehr dekorativ aus – vor allem, wenn der Saum auf die Vorderseite geschlagen wird; dann bildet er zusammen mit den diagonalen Ecknähten einen dekorativen Rahmen. Gehen Sie Schritt für Schritt vor, wie auf den Fotos rechts gezeigt, und nehmen Sie das Bügeleisen zu Hilfe.
Eine einfachere Ecklösung bietet sich vor allem bei leichten Stoffen mit schmalen Säumen an. Die Saumnaht wird so geführt, daß sie auf den Ecken ein kleines Quadrat bildet. Mit einem Zierstich gehalten, wirkt das besonders schön.

1. Bügeln Sie die Saumzugabe in voller Breite und davon dann einen ca. 1 cm breiten Einschlag um. Achten Sie darauf, daß die Bügelkniffe schön gerade sind.

2. Schlagen Sie die Ecke bis zum Schnittpunkt der beiden gebügelten Saumlinien diagonal nach innen und bügeln Sie über diese Kante. Dann klappen Sie die Ecke wieder auf.

3. Legen Sie nun die diagonalen Bügelkniffe rechts auf rechts und steppen Sie entlang der eingebügelten Linien bis 1 cm vor der Schnittkante. Schneiden Sie die Spitze bis zur Nahtzugabe zurück und im Knick leicht ein.

4. Bügeln Sie die Nahtzugabe auseinander und schrägen Sie sie an den Enden etwas ab. Wenden Sie die Ecke und bügeln Sie sie sorgfältig aus.

5. Fixieren Sie den Saum und steppen Sie ihn knappkantig fest. Wenn Sie ihn mit Stecknadeln feststecken, sollten diese mit dem Kopf zur Kante zeigen; so können Sie den Saum steppen, ohne die Nadeln während des Nähens entfernen zu müssen.

Eine Alternative zur Briefecke bietet sich bei schmaleren Säumen an. Hier wird die Saumnaht so geführt, daß auf den Ecken ein kleines Quadrat entsteht. Wählen Sie für diese Naht einen Zierstich, sieht sie noch dekorativer aus.

Tischdecken

Die „Grundlage“ – im wahrsten Sinne des Wortes – jedes schön gedeckten Tischs ist zunächst einmal die Tischdecke. Sie ist das bestimmende Element für die weitere Gestaltung und die ergänzenden Dekorationen.

Quadratisch und rechteckig

Quadratische Eßtische sind in der Regel 90 x 90 cm oder 100 x 100 cm groß. Doch in den meisten Fällen ist der Eßtisch heutzutage rechteckig. Mit der beliebten Standardgröße von 70 x 140 cm bietet er bis zu sechs Personen Platz. Ist er ausziehbar, kann er sich im besten Fall in eine große Tafel für 12 Personen verwandeln. Die Tischdeckengröße richtet sich zum einen nach der Größe des Tischs, zum anderen nach dem dekorativen Zweck. Bei einem Tisch mit einer schönen Holzoberfläche z. B. sieht es sehr schön aus, wenn Teile der Platte sichtbar bleiben. Bei einem quadratischen Tisch erreicht man das, indem die Decke kleiner als die Tischplatte ist und über Eck aufgelegt wird. Hat der Tisch keine so schöne Platte, dafür aber um so schönere Beine, nähen Sie die Decke etwas größer als die Tischplatte und legen sie ebenfalls über Eck auf.
Wichtig für die Wirkung einer Tischdecke ist der seitliche Fall; das ist der Teil der Tischdecke, der ab der Tischkante herabhängt. Für einen Eßtisch empfiehlt sich ein kurzer Fall von ca. 30 cm (**1**), dann reicht die Decke etwa bis zur Sitzfläche der Stühle. Sehr dekorativ sieht eine Decke mit einer Fallänge von ca. 40 – 60 cm (**2**) aus. Elegant wird's, wenn die Decke bis zum Boden reicht (**3**).

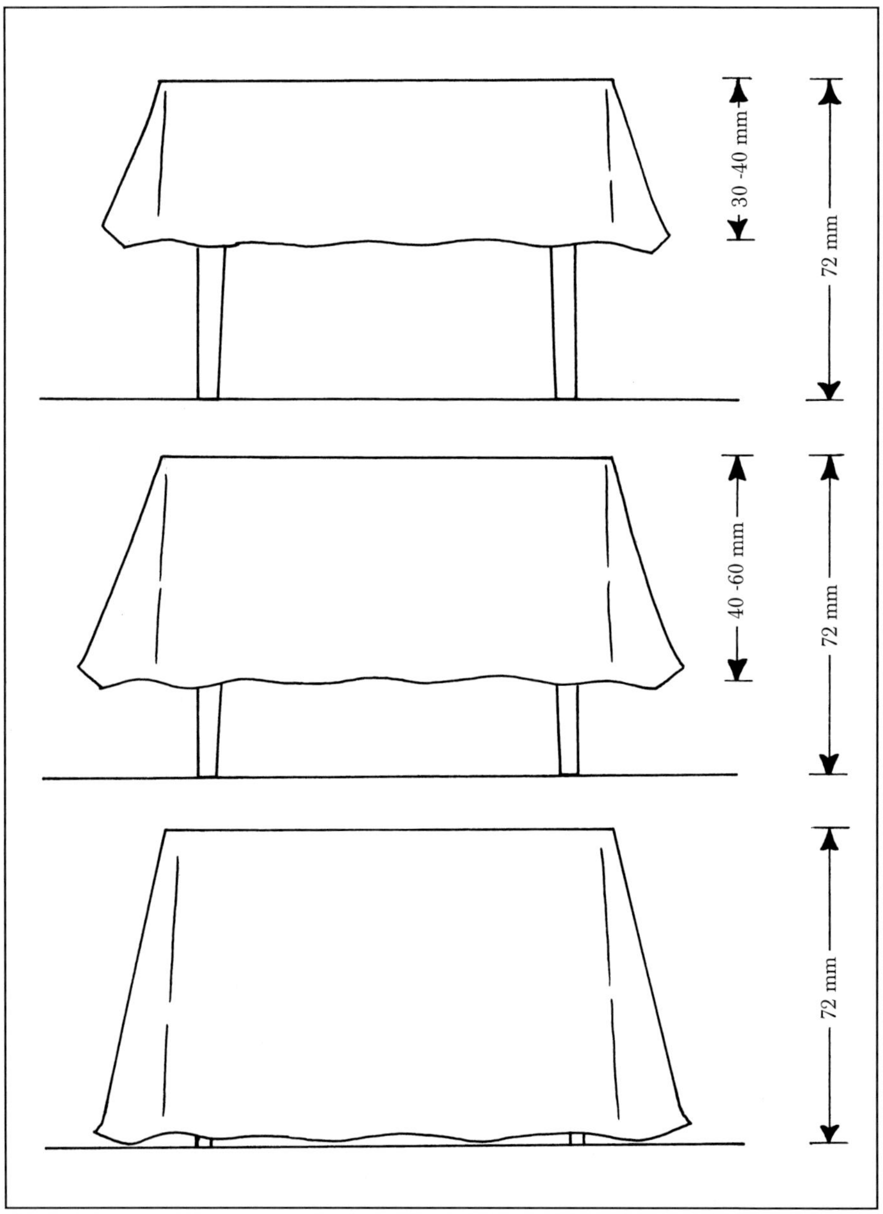

Stoffbedarf berechnen

Um die benötigte Stoffmenge zu bestimmen, messen Sie Länge und Breite der Tischplatte und entscheiden, wie lang die Tischdecke seitlich fallen soll. Wichtig ist außerdem, welche Saumbreite Sie wählen.
Bei einem rechteckigen Tisch lautet die „Formel" für den Stoffbedarf:
Tischbreite + 2 x Fallänge + 2 x Saumzugabe = Stoffbreite,
Tischlänge + 2 x Fallänge + 2 x Saumzugabe = Stofflänge.
Wenn Sie einen rechteckigen Tisch mit 70 x 140 cm Größe haben, einen Fall von 30 cm und einen 4 cm breiten Saum (= 5 cm Zugabe) vorsehen, sieht das Rechenbeispiel so aus:
70 + 60 + 10 = 140 cm Stoffbreite,
140 + 60 + 10 = 210 cm Stofflänge.
Sie brauchen also ein Stoffstück von 140 x 210 cm Größe.
Wollen Sie für den gleichen Tisch eine bodenlange Tischdecke nähen, wird die Fallänge durch die Tischhöhe bestimmt. In der Regel sind Eßtische 72, manchmal auch 75 cm hoch; im Zweifelsfall also lieber nachmessen! Unser Rechenbeispiel basiert auf 72 cm Tischhöhe:
70 + 144 + 10 = 222 cm in der Breite,
140 + 144 + 10 = 294 cm in der Länge. Es ergibt sich also ein Stoffbedarf von 222 x 294 cm.
Bei quadratischen und rechteckigen Tischen kann eine bodenlange Decke durch die Stofflänge an den Ecken ein Problem bereiten. Wenn man den Stoff zur Seite steckt, beeinträchtigt

das die Wirkung der Tischdecke erheblich. Daher ist es am einfachsten, das „Problem" zu ignorieren und ein mögliches Darauftreten in Kauf zu nehmen.

Wenn Sie – z. B. für ein Buffet oder eine große Hochzeitstafel – einen behelfsmäßigen Tisch (z. B. eine Tischtennisplatte oder einen Tapeziertisch) unsichtbar machen wollen, gibt es, neben einer bodenlangen Decke, eine praktische Lösung: Eine Stoffbahn, deren Breite der Tischhöhe entspricht, wird rundherum, um alle vier Ecken, glatt an oder unter der Tischkante befestigt, und auf die Platte wird eine normallange Tischdecke gelegt; so wird der Ansatz der Stoffbahn überdeckt.

Eine einfache quadratische Decke

Am Beispiel dieses „Grundmodells" soll der Arbeitsablauf für quadratische oder rechteckige Tischdecken demonstriert werden. Die gezeigte Decke hat eine fertige Größe von 140 x 140 cm, doch kann sie natürlich auch in jeder anderen Größe genäht werden. Der Leinenstoff sieht von beiden Seiten gleich aus, daher kann der Saum auch auf die Vorderseite geschlagen werden; mit den diagonalen Ecknähten sieht das sehr dekorativ aus. Farbenkräftige Leinenstoffe wie diesen finden Sie, vor allem im Sommer, auch unter den Kleiderstoffen.

Material
- 150 cm Stoff, 150 cm breit
- Nähgarn

Arbeitsablauf
▷ Saumzugabe und Einschlag umbügeln
▷ Ecken bügeln und nähen
▷ Saum fixieren und nähen

Für einen 4 cm breiten Saum bügeln Sie erst die Kanten 5 cm breit um, danach 1 cm für den Einschlag. Arbeiten Sie die Ecken, wie auf Seite 15 beschrieben. Fixieren Sie den Saum – mit Stecknadeln quer zur Naht, die sie übernähen können, oder mit einem Fixierstift – und steppen Sie ihn knappkantig fest.

Wenn Sie keine Briefecken nähen möchten, bietet sich diese alternative Ecklösung an. Die Saumzugaben werden mit Einschlag umgebügelt, die Naht dann ohne Unterbrechung rundum gesteppt. An den Ecken wird die Naht so weitergeführt, daß sie ein kleines Quadrat bildet. Um diesen Vorgang zu verdeutlichen, ist die Naht auf dem Foto in einer Kontrastfarbe gesteppt.

Rund und oval

Die runde Form bei Eßtischen ist sehr beliebt, denn sie hat den Vorteil, daß alle am Tisch sitzenden Personen sich sehen und unterhalten können. Runde Tische gibt es in verschiedenen Größen. Für 2 – 3 Personen reicht ein Durchmesser von 90 cm. Die gängigste Größe hat 110 cm, doch gibt es auch große Tische mit 135 cm Durchmesser. Früher waren neben den runden auch Tische mit ovaler Grundform üblich, doch heute gibt es sie kaum noch. Dennoch ist der ovale Tisch keineswegs „verschwunden“. Wenn Sie oft Gäste haben, wird Ihr runder Tisch sicher eine oder zwei Ausziehplatten haben, so daß aus ihm im Handumdrehen eine große, ovale Tafel wird.

Was die Größen betrifft, so gilt für runde und ovale Tischdecken das gleiche wie für quadratische und rechteckige. Für den „täglichen“ Eßtisch ist eine kurze Fallänge von 30 – 40 cm angebracht, bei festlichen Anlässen unterstreicht eine länger herabfallende Decke die Wirkung der Tischdekoration. Geradezu ideal ist der runde oder ovale Tisch für bodenlange Tischdecken, denn hier gibt es keine auf dem Boden aufliegenden Ecken.
Übrigens: Runde und ovale Tische sehen natürlich auch mit quadratischen bzw. rechteckigen Decken sehr gut aus.

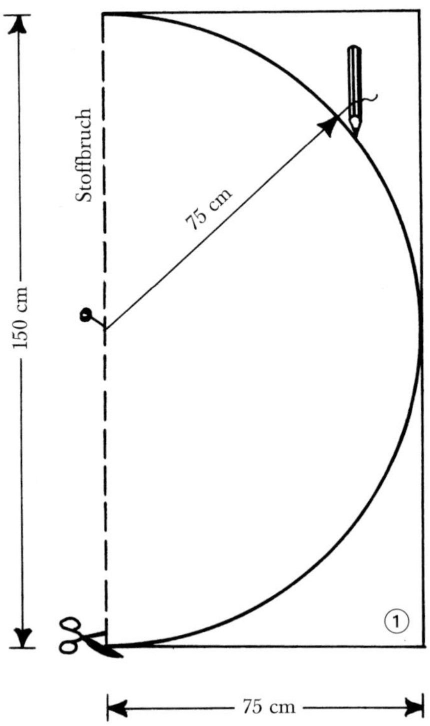

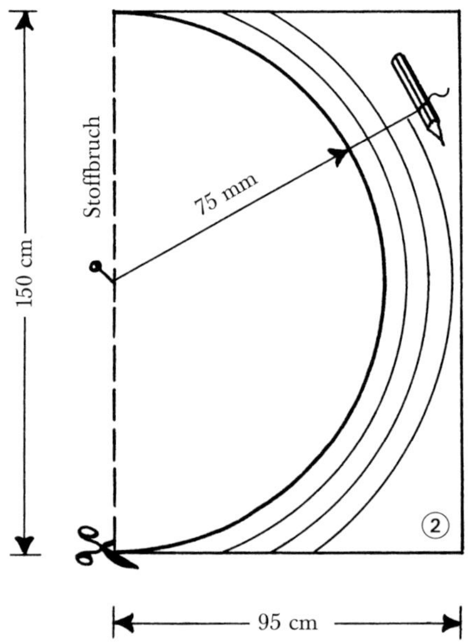

Stoffbedarf für runde Tischdecken

Die Berechnung der Deckengröße ist einfach, da Sie zum Durchmesser des Tisches nur 2 x die Fallänge hinzurechnen müssen.
Bei einem Tisch mit z. B. 90 cm Durchmesser und einem vorgesehenen Fall von 30 cm Länge hat die Tischdecke also 90 + 60 = 150 cm Ø. Soll die Decke für denselben Tisch bis zum Boden reichen, kommt zum Plattendurchmesser 2 x die Tischhöhe dazu, also: 90 + 144 = 234 cm Ø.
Wenn es um den tatsächlichen Stoffbedarf geht, müssen die Zugaben für eventuelle Verbindungsnähte und für den Saum hinzugerechnet werden. Fassen Sie z. B. die Schnittkante mit Schrägband ein, ist keine Saumzugabe notwendig. Bei einem falschen Saum mit Schrägband fällt die Nahtzugabe mit 0,5 cm kaum ins Gewicht.
Wenn Sie jedoch einen falschen Saum mit Formstreifen aus dem Tischdeckenstoff nähen möchten, erhöht sich der Stoffbedarf entsprechend.
Reicht für eine große Decke die vorhandene Stoffbreite nicht aus, um sie aus einem Stück zuschneiden zu können, kommen noch die Zugaben für die Verbindungsnähte dazu. Am besten verbinden Sie die Stoffteile vor dem Zuschneiden. Entweder nur mit einer Mittelnaht, indem Sie zwei gleich lange Stoffbahnen längs aneinandernähen, oder mit zwei seitlichen Nähten, was oft besser aussieht; dazu wird eine Stoffbahn der Länge nach geteilt und diese beiden schmalen Bahnen an die Längskanten der originalbreiten Bahn angesetzt. Wählen Sie hierfür eine Kappnaht, müssen Sie für jede Naht 2 cm Nahtzugabe (1 x 1,5 und 1 x 0,5 cm, s. Seite 14) einplanen.
Bei gemusterten Stoffen müssen Sie eventuell auf den Rapport und die Laufrichtung achten und dafür zusätzlichen Stoff einrechnen.

Das Zuschneiden bei runden Decken

Bei normalgroßen runden Decken ist der Zuschnitt meist kein Problem, denn die gängigen Stoffbreiten reichen dann aus, um sie aus einem Stück zuschneiden zu können. In vielen Fällen ist das sogar bei größeren Decken möglich, denn es gibt auch Stoffe in 230, 280 und sogar 300 cm Breite zu kaufen (Herstelleradressen finden Sie auf Seite 95).

Zum Zuschneiden wird der Stoff zunächst doppelt gelegt; beide Stofflagen sollten exakt übereinander- und glatt auf der Unterlage liegen. Dann wird, vom Stoffbruch ausgehend, ein Halbkreis aufgezeichnet. Dazu benötigen Sie eine dicke Nadel, einen Markierstift und eine Schnur. Bestimmen Sie am Stoffbruch den Kreismittelpunkt und stecken Sie in diesen Punkt die Nadel – durch den Stoff hindurch und so fest wie möglich in die Unterlage. Befestigen Sie an der Nadel die Schnur; ihre Länge muß dem Radius des Kreisbogens entsprechen. Am Schnurende stecken Sie nun in eine geknotete Schlinge den Markierstift, mit dem Sie dann, wie mit einem Zirkel, einen Halbkreis aufzeichnen.
Sind für den Saum Formstreifen vorgesehen, erweitern Sie den Radius um deren Breite (6 cm in den gezeigten Beispielen) und zeichnen entsprechend viele weitere Kreisbögen parallel zum Halbkreis der Tischdecke auf (s. Zeichnung 2).
Kleinere Halbkreise lassen sich, mit ein bißchen Übung, auch nur mit Hilfe eines Maßbands ziehen. Dazu stecken Sie den Markierstift einfach durch die Öse des Maßbands und halten dieses mit der linken Hand in der gewünschten Länge am Kreismittelpunkt fest.
Dem markierten Halbkreis folgend, können Sie nun die Decke (und gegebenenfalls die Formstreifen) durch beide Stofflagen zuschneiden – aber bitte nur mit einer guten Schneiderschere, damit die Schnittkanten exakt und sauber werden.
Die Zeichnungen auf diesen beiden Seiten zeigen die verschiedenen Zuschnitt-Möglichkeiten.
Zeichnung 1: Für eine Tischdecke mit 150 cm Ø benötigen Sie einen 150 cm breiten Stoff in 150 cm Länge. Für den Halbkreis werden die volle Breite und Länge ausgenutzt. Die Schnittkante wird mit Schrägband eingefaßt bzw. versäubert.
Zeichnung 2: Soll die gleiche Decke mit Formstreifen gesäumt werden, brauchen Sie ein längeres Stoffstück (190 cm). Die (hier 6 cm breiten) Streifenstücke werden anschließend auf die notwendige Länge aneinandergenäht (s. Seite 23).
Zeichnung 3: Bei einem 280 bzw. 300 cm breiten Stoff können Sie sogar eine bodenlange Decke – und bei ausreichender Stofflänge auch die Formstreifen – aus einem Stück zuschneiden. Die Rechnung sieht folgendermaßen aus:

Tisch-Durchmesser	90 cm
2 x Tischhöhe	144 cm
2 x Saumzugabe	2 cm
2 x Formstreifen, 6 cm breit	12 cm
	248 cm

Bei der angegebenen Stoffbreite benötigen Sie also 250 cm Stofflänge. Der Radius für die Deckengröße mit Saumzugabe beträgt 118 cm.
Wenn Sie keinen Stoff in 280 bzw. 300 cm Breite haben, können Sie zwei 140 bzw. 150 cm breite Stoffbahnen mit einer Mittelnaht verbinden.
Zeichnung 4: Besser sieht es aus, wenn die beiden Stoffbahnen mit zwei seitlichen Nähten verbunden werden; sie fallen weniger auf als eine Mittelnaht.
Bei einem 140 bzw. 150 cm breiten Stoff benötigen Sie dafür 5 m Stoff. Teilen Sie diese Bahn in zwei Hälften von je 250 cm Länge. Eine dieser Bahnen wird nun der Länge nach halbiert, dann werden die beiden jetzt 70 cm breiten Bahnen jeweils an die Längskanten der ungeteilten Bahn genäht. Kappnähte sind hierbei ideal. Dann legen Sie den Stoff zur Hälfte doppelt, wobei die Ansatznähte genau übereinanderliegen müssen. Aufzeichnen und Zuschneiden sind identisch mit Zeichnung 3.

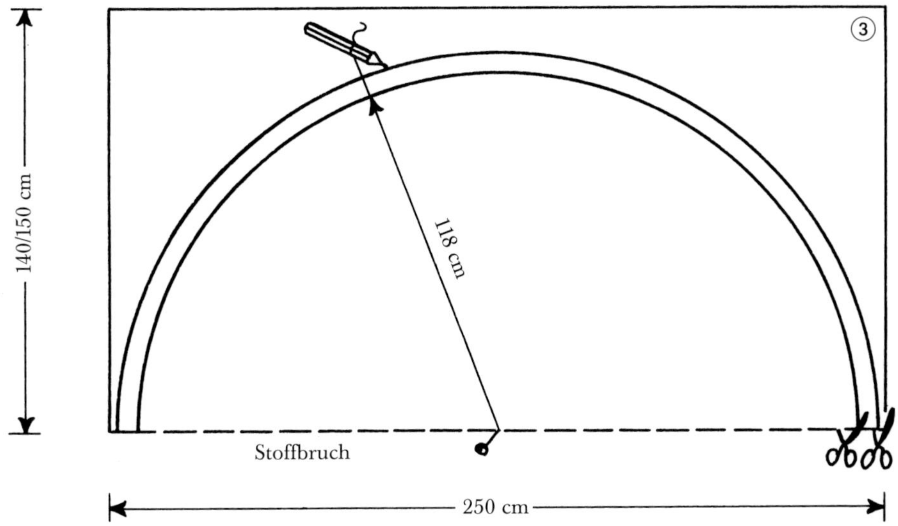

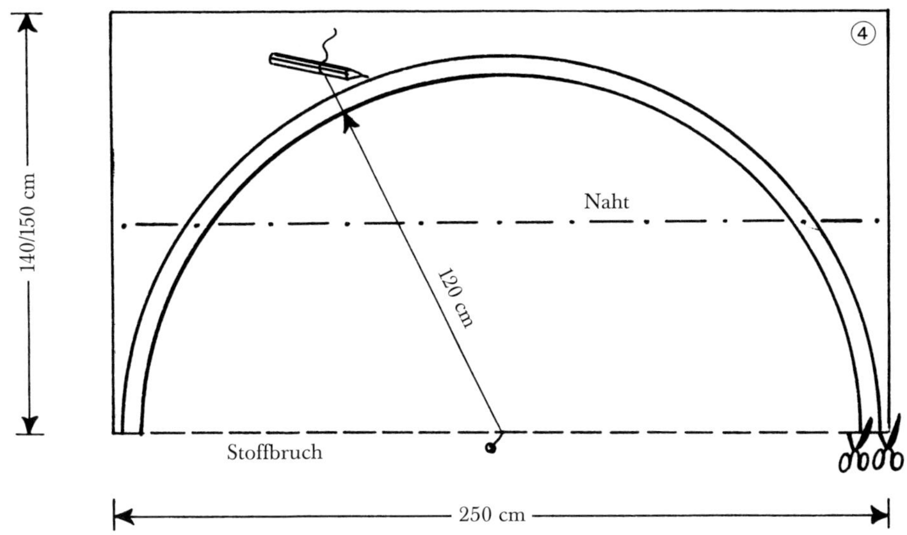

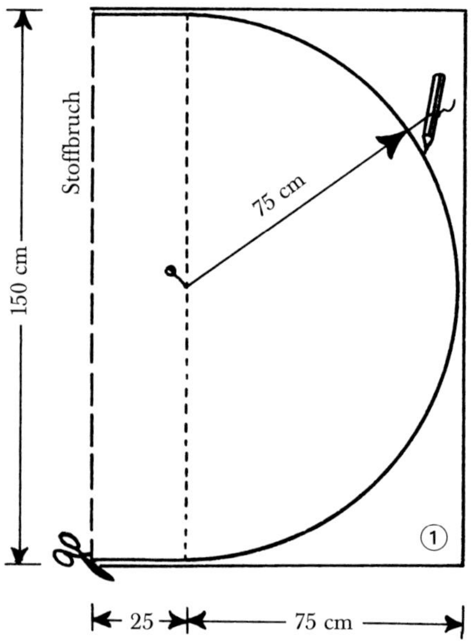

Der runde Tisch hat 90 cm Durchmesser, die Ausziehplatte ist 50 cm breit. Ist ein seitlicher Fall von 30 cm Länge vorgesehen, heißt das:
90 + 50 cm = 140 cm Tischlänge
+ 2 x 30 cm Fallänge = 200 cm,
90 cm Tischbreite + 2 x 30 cm Falllänge = 150 cm.
Sie benötigen daher einen 150 cm breiten Stoff von 200 cm Länge (s. Zeichnung 1).
Soll die Decke für denselben Tisch bodenlang sein, kommt zur Plattengröße 2 x die Tischhöhe dazu:
90 + 50 cm = 140 cm Tischlänge
+ 2 x 72 cm (= 144 cm) Tischhöhe = 284 cm,
90 cm Tischbreite + 2 x 72 cm (= 144 cm) Tischhöhe = 234 cm.

Sie benötigen also von einem 240 cm breiten Stoff 284 cm oder von einem 300 cm breiten Stoff 234 cm Länge. Haben Sie jedoch nur einen 150 cm breiten Stoff, müssen Sie zwei Stoffteile mit einer Mittelnaht verbinden (s. Zeichnung 2).
Bei zwei Ausziehplatten von je 50 cm Breite muß die Länge jeweils um nochmals 50 cm erhöht werden; das gerade Mittelteil ist dann 100 cm breit.
Eventuelle Naht- und Saumzugaben oder zusätzlicher Stoff für Formstreifen müssen hinzugerechnet werden.

Stoffbedarf für ovale Tischdecken

Wie schon erwähnt, entsteht ein ovaler Tisch heutzutage meist aus einem runden, der eine oder zwei Ausziehplatten hat.
Bei der Berechnung des Stoffbedarfs kann man zunächst einmal wie beim runden Tisch vorgehen. Bei der ovalen Tischdecke kommt jedoch etwas hinzu: das gerade mittlere Teil zwischen den beiden Halbkreisen, das genau der Breite der Ausziehplatte(n) entspricht.
Wenn man das beim runden Tisch bereits angeführte Beispiel hier weiterführt, sieht die Rechnung so aus:

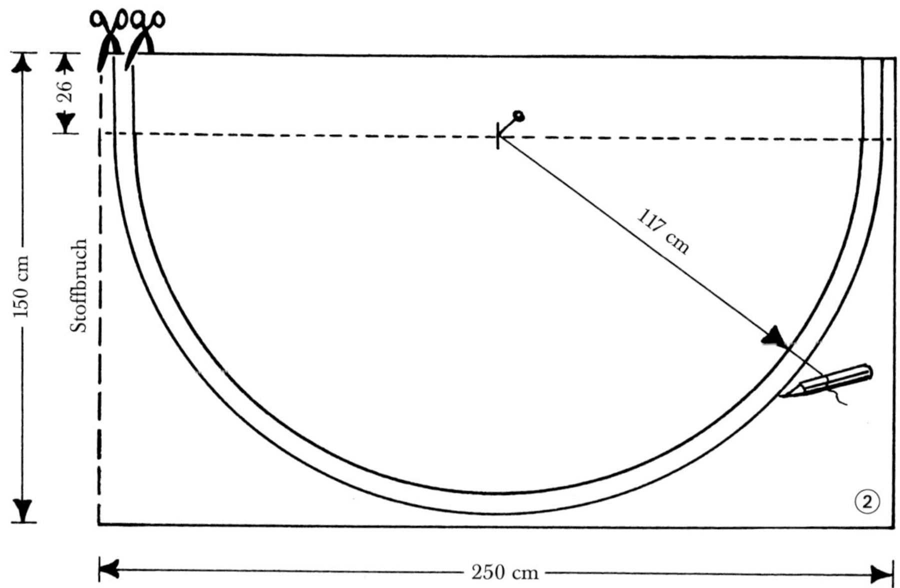

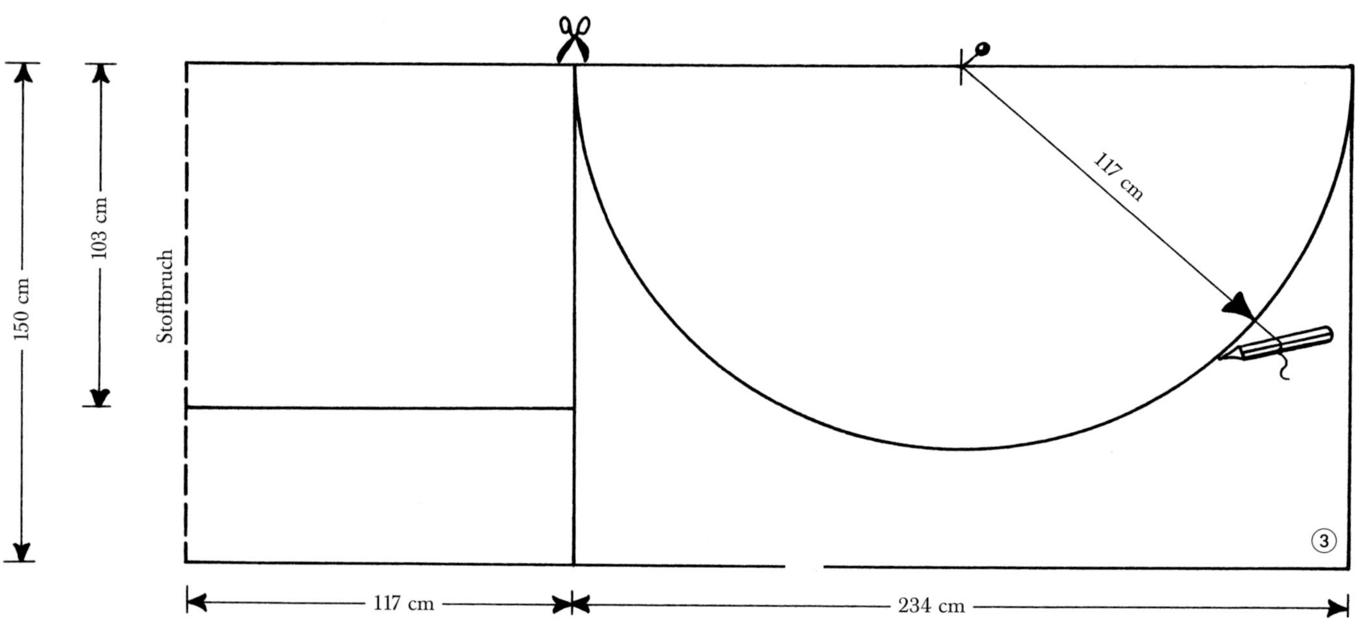

Das Zuschneiden bei ovalen Decken

Der Vorgang des Zuschneidens ist bei der ovalen fast genauso wie bei einer runden Decke, nur daß hier das gerade Mittelteil dazukommt.
Der Stoff wird doppelt gelegt, dann vom Stoffbruch bzw. der Kante ausgehend zunächst eine Hilfslinie für das halbe Mittelteil markiert. Auf dieser Hilfslinie legen Sie dann den Mittelpunkt fest, von dem aus Sie den Halbkreis ziehen – mit Nadel, Schnur und Markierstift, genauso wie bei der runden Decke.
Wenn das gerade Mittelteil sehr breit ist, kann man dieses auch separat zuschneiden und die beiden Halbkreise daran ansetzen (s. Zeichnung 3).
Die Zeichnungen zeigen die verschiedenen Zuschnitt-Möglichkeiten:
Zeichnung 1: Für eine 150 cm breite und 200 cm lange ovale Decke benötigen Sie einen 150 cm breiten Stoff von 200 cm Länge, wenn die Schnittkante mit Schrägband eingefaßt wird.
Legen Sie den Stoff in der Breite doppelt und markieren Sie, vom Stoffbruch ausgehend, die halbe Breite (= 25 cm) der 50 cm breiten Ausziehplatte. Markieren Sie auf dieser Linie den Mittelpunkt und zeichnen Sie den Halbkreis (Radius 75 cm) auf.
Zeichnung 2: Eine bodenlange Tischdecke für einen ovalen Tisch von 90 cm Breite und 140 cm Länge wird hier aus einem 150 cm breiten Stoff zugeschnitten. Die Schnittkante wird mit Formstreifen gesäumt. Sie benötigen dazu ein 5 m langes Stoffstück, das doppelt gelegt wird. Von der Längskante ausgehend, an der später die beiden Teile mit einer Mittelnaht verbunden werden, zeichnen Sie in 26 cm Abstand (1 cm für Nahtzugabe) die Hilfslinie für das halbe gerade Mittelteil. Legen Sie auf dieser Linie den Mittelpunkt fest und zeichnen Sie den Halbkreis (Radius = 117 cm) auf. In 6 cm Abstand zu dem ersten wird für den Formstreifen ein zweiter Halbkreis gezogen.
Zeichnung 3: Für den gleichen Tisch (90 cm breit) wie oben, jedoch mit zwei Ausziehplatten von je 50 cm Breite (= 190 cmTischlänge) muß die bodenlange Decke 234 x 334 cm groß sein. Hier empfiehlt es sich, die zwei Halbkreise an das separat zugeschnittene gerade Mittelteil anzusetzen.
Von einem 150 cm breiten Stoff benötigen Sie etwas über 7 m Länge, ganz genau gerechnet 702 cm. Legen Sie ihn auf die Hälfte der Länge doppelt. Messen Sie nun vom Stoffbruch ausgehend 117 cm für die Länge des Mittelteils und 234 cm Ø für die Halbkreise. Bestimmen Sie dann den Mittelpunkt des Kreises auf der Webkante und ziehen Sie einen Halbkreis mit dem Radius 117 cm. Jetzt markieren Sie noch die Breite des Mittelteils von 103 cm (100 + 2 x 1,5 cm Nahtzugaben) und schneiden die Teile zu.
Bei diesem Zuschnittplan ist noch genügend Stoff übrig, um Formstreifen und die geraden Saumstücke für das Mittelteil zuschneiden zu können.

Um die Schnittkante der Decke mit Schrägband zu säumen, nähen Sie das gefalzte Band erst von der rechten Stoffseite in der aufgeklappten Falzkante an. (Für die Naht wurde hier ein kontrastfarbenes Garn gewählt, damit sie besser zu erkennen ist.) Danach bügeln Sie das Schrägband auf die linke Stoffseite um.

Steppen Sie eine Naht knapp an der Kante der Decke und eine zweite an der innenliegenden Schrägbandkante.
Schrägband können Sie auch leicht aus Stoff selbst herstellen: Schneiden Sie im diagonalen Fadenlauf 5 cm breite Streifen, die Sie schräg aneinandersetzen. Mit dem Schrägbandformer werden die Kanten eingelegt und dann umgebügelt. Die Falzkanten erleichtern ein genaues Annähen.

Formstreifen – ideal bei runden Kanten

Eine runde oder ovale Decke erhält einen besonders schönen Fall, wenn ihr Saum durch einen gegengenähten Formstreifen „beschwert" wird. Dieser wird in der gleichen runden „Form" zugeschnitten wie die Schnittkante der Tischdecke.
In den meisten Fällen muß der Formstreifen aus mehreren Stücken zusammengesetzt werden. Die Teile werden jeweils mit einer geraden Naht verbunden. Der fertige Formstreifen wird rechts auf rechts an die Saumkante der Decke gelegt und mit 1 – 1,5 cm Nahtzugabe aufgesteppt. Nach sorgfältigem Ausbügeln der Naht wird er dann zur linken Stoffseite umgeschlagen und gut fixiert (durch viele Stecknadeln oder einen Fixierstift), wobei die innenliegende Schnittkante etwa 1 cm breit eingeschlagen und eingebügelt wird. Einfacher ist es, auf den Einschlag zu verzichten und die Schnittkante – vor dem Annähen – mit Zickzack- oder Overlockstichen zu versäubern.
Die Detailfotos auf der folgenden Seite zeigen den gesamten Arbeitsvorgang.
Bei sehr lockeren Stoffen können Sie auch, wie beim runden Saum, mit einer Stütznaht arbeiten und die überschüssige Weite durch leichtes Kräuseln einhalten (s. Abb. auf Seite 14).

Die Außenkante des Formstreifens wird rechts auf rechts an die Deckenkante gelegt und festgesteckt. Dann werden beide Teile in 1 – 1,5 cm Abstand zu den Kanten mit einer Steppnaht zusammengenäht.
Besteht der Formstreifen aus mehreren Stücken, müssen diese zuvor jeweils mit einer Naht im rechten Winkel aneinandergesetzt werden.

Die Naht wird zunächst nur bis kurz vor die beiden Enden des Formstreifens gesteppt; so ergibt sich dessen endgültige Länge. Verbinden Sie die Schmalkanten mit einer Naht und schließen Sie dann den Kreis.

Die Saumkante wird gut ausgebügelt, der Formstreifen zur linken Stoffseite gewendet und festgesteckt oder mit einem Klebestift fixiert. Auf der Decken-Vorderseite wird nun der Formstreifen festgesteppt – einmal knapp an der Saumkante und einmal in ca. 1 cm Abstand von der innenliegenden Kante des Formstreifens. Die Verwendung des Abstandhalters bzw. des Lineals (im Zubehörkasten der Nähmaschine) garantiert einen gleichmäßigen Abstand der Nähte.

Wollen Sie die Innenkante des Formstreifens nicht einschlagen, können Sie sie statt dessen mit Zickzack- oder Overlockstichen versäubern.

Eine einfache runde Tischdecke

Anhand dieses einfachen, aus einem Stück zugeschnittenen Modells wird der Arbeitsablauf für eine runde Tischdecke deutlich. Die Decke ist bodenlang, denn so kommt der mit einem dekorativen Blumenmuster bedruckte Stoff besonders gut zur Geltung. Sie hat einen Durchmesser von 237 cm, der Stoff liegt 260 cm breit. Die Saumkante ist mit einem Formstreifen versäubert, der einen schönen, „schweren" Fall der Decke garantiert.

Material

- 260 cm Stoff, 260 cm breit
- Nähgarn

Arbeitsablauf

▷ Zuschneiden
▷ Formstreifen-Stücke aneinandernähen
▷ Formstreifen an die Saumkante nähen, schließen
▷ Saum knappkantig steppen
▷ Formstreifen einschlagen und festnähen

Schneiden Sie Decke und Formstreifen zu, wie auf den Seiten 20/21 beschrieben. Setzen Sie zunächst die einzelnen, 6 cm breiten Stücke für den Formstreifen zu einem langen Streifen zusammen. Legen Sie dann den Formstreifen rechts auf rechts mit der Außenkante an die Schnittkante der Decke und steppen sie ihn füßchenbreit rundum bis kurz vor den Anfang fest. Nähen Sie Anfang und Ende des Formstreifens in der richtigen Länge aneinander, schneiden Sie den überstehenden Stoff ab und schließen Sie die restliche Naht. Dann bügeln Sie die Kante gut aus, schlagen den Formstreifen auf die linke Seite um und stecken ihn fest. Wenn Sie einen Fixierstift benutzen, können Sie auf die Stecknadeln verzichten. Steppen Sie mit knappem Abstand zur Außenkante der Decke eine erste Naht. Danach kippen Sie die Innenkante des Formstreifens knapp ein, bevor Sie sie ebenfalls festnähen. Das Nähmaschinenlinieal (s. Seite 12) hilft, beim Steppen einen gleichmäßigen Abstand zur Saumkante zu halten.

Tischdecken-Modelle

Der Stoff und die nähtechnische Verarbeitung sind die wichtigsten Gestaltungsmerkmale bei einer Tischdecke. Kombinieren Sie z. B. den Grundstoff mit einem weiteren, in Farbe und/oder Muster kontrastierenden Stoff, wird die Decke gleich viel interessanter; nähen Sie eine Bordüre an den Saum, unterstreicht das die Deckenform; Stickereien setzen auf einfarbigen Flächen Akzente; gebogte oder in Falten gelegte Kanten sorgen für ins Auge fallende Effekte. Für die Form einer Tischdecke ist meist die Grundform des Tischs bestimmend: Ein rechteckiger Tisch erhält eine rechteckige, ein runder eine runde Tischdecke. Doch hier fängt der Gestaltungsspielraum beim Dekorieren eines Tischs bereits an: Die Decke muß nicht zwingend zur Form und Größe des Tischs passen. Sie kann z. B. kleiner sein als die Tischplatte oder überlang auf dem Fußboden aufstoßen, sie kann über Eck oder asymmetrisch aufgelegt werden, glatt aufliegen oder in dekorativen Falten drapiert sein. Eine quadratische Decke sieht auch auf einem runden oder eine rechteckige auf einem ovalen Tisch gut aus.
Die hier folgenden Beispiele sollen Ihnen möglichst viele Anregungen für das Entwerfen, Nähen und Gestalten Ihrer „persönlichen" Tischdecken geben.

Quadratische Mitteldecke

Die schmalen Biesen und die durch sie eingerahmten Stickmotive sind, zusammen mit dem breiten, verzierten Saum, die dekorativen Elemente dieser Mitteldecke. Auf dem leicht durchscheinenden Baumwoll-Mousseline kommen sie besonders gut zur Geltung, vor allem, wenn die Decke auf eine dunkle Unterdecke gelegt wird. Den Ilexzweig finden Sie als Motiv auf der Stickkarte Nr. 1 (Fantasie) der *Pfaff Creative 7570.* Der 9 cm breite Saum wird durch Hohlsaumstiche gehalten. Die fertige Decke hat eine Größe von 120 x 120 cm.

Material
- 140 x 140 cm Baumwoll-Mousseline
- Nähgarn
- Maschinenstickgarn in Weiß, Grün, Dunkelgrün, Rot glänzend, Gelb
- Markierstift
- Hohlsaumnadel
- Zwillingsnadel

Arbeitsablauf
▷ Saum und Ecken einbügeln
▷ Ecken nähen, Säumen
▷ Biesen nähen
▷ Position der Stickmotive markieren
▷ Sticken

Bügeln Sie die Kanten 11 cm breit um und schlagen Sie davon 1 cm ein. Nähen Sie die Briefecken, wie auf Seite 15 beschrieben, und fixieren Sie den Saum. Setzen Sie die Hohlsaumnadel ein und sticken Sie die Saumkante im Hohlsaumstich (s. Abb. auf Seite 83): So wird der Saum in einem Arbeitsgang festgenäht und verziert. Unterteilen Sie die quadratische Fläche, von der Hohlsaumnaht ausgehend, in 16 gleich große Quadrate, wie es die Skizze unten zeigt. Zeichnen Sie die Linien für die Biesen in 3 mm Abstand zueinander ein, und nähen Sie diese Linien mit der Zwillingsnadel im Geradstich.
In die Mitte der vier Innen- und der Eckquadrate sticken Sie jeweils einen Ilexzweig, mit den Stielen zur Mitte zeigend. Dazu benötigen Sie das Stickaggregat.
Das Muster beginnt mit dem grünen Garn, setzt sich mit Dunkelgrün für die Blätter und Stengel fort und endet mit Rot für die Beeren und Gelb für den Punkt. Wenn Sie für die Beeren Rayongarn verwenden, wird das Rot besonders leuchtend.
Selbstverständlich können Sie auch ein anderes Stickmotiv wählen!

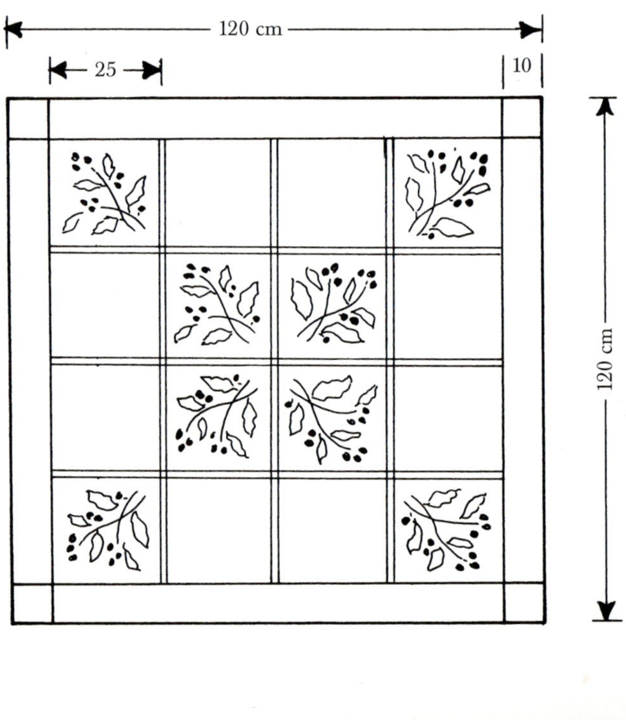

Die quadratische Decke wird nach dem Säumen in 16 gleich große Quadrate unterteilt, von denen die inneren und die Eckquadrate mit dem Ilexzweig bestickt werden.

Quadratische Decke mit dekorativem Rand

Interessante Stoffkombinationen ergeben sich oft aus der Tatsache, daß die gängigen Stoffbreiten nicht ausreichen, um die geplante Tischdecke aus einem Stück arbeiten zu können. Diese 175 x 175 cm große Decke mit grünem Mittelteil hat einen breiten, auffallenden Rahmen aus blau-weiß gestreiftem Segeltuch. Drei verschiedenfarbige Nahtbänder überdecken die Ansatznaht und setzen einen weiteren Akzent. Ein Schrägband mit Einzugskordel bildet nicht nur einen dekorativen Abschluß, sondern läßt die Decke auch schöner fallen.

Material
- 130 cm fester Baumwollstoff, 130 cm breit
- 180 cm Streifenstoff, 120 cm breit
- je 5,50 m Nahtband, 13 mm breit, in drei Farben (hier Beigebraun, Hellbeige, Rot)
- 7,50 m Einzugskordel
- 7,50 m glattes Schrägband, 5 cm breit
- 7,50 m Nahtband, 3 cm breit (Rückseite)
- Nähgarn in Weiß und in den Farben der Nahtbänder
- Markierstift

Arbeitsablauf
▷ Inneres Quadrat zuschneiden
▷ Streifenstoff zuschneiden
▷ Schnittkanten versäubern
▷ Ecken abschrägen
▷ Zwei Ecken nähen
▷ Streifenstoff an das Quadrat nähen
▷ Restliche Ecken schließen
▷ Nahtbänder aufnähen
▷ Einzugskordel in das Schrägband einnähen
▷ Eingenähte Einzugskordel an die Außenkante des Streifenstoffs stecken und nähen
▷ Äußere Nahtzugabe mit Nahtband von links abdecken und steppen

Schneiden Sie vom Stoff für das Innenteil die Webekante ab (sie zieht sich bei der Wäsche gern zusammen), so daß mit Nahtzugabe (2 cm) ein Quadrat von 127 x 127 cm entsteht. Schneiden Sie dann aus dem gestreiften Stoff vier Streifen à 29 x 179 cm zu. Die Skizze unten zeigt die Anordnung der Stoffteile mit den Maßen der fertigen Decke.
Versäubern Sie die Schnittkanten aller Stoffteile mit Zickzackstichen. Markieren Sie auf den gestreiften Stoffteilen die Schräge für die Ecken; die innenliegenden Längskanten müssen die gleiche Länge haben wie die Kanten des inneren Quadrats, also 127 cm. Bügeln Sie das Streifenende im Winkel von 90° um und schneiden Sie dieses Stück schräg ab.
Nähen Sie je zwei Streifen an einer Ecke mit 2 cm Nahtzugabe zusammen und achten Sie darauf, daß das Streifenmuster exakt aufeinandertrifft. Nähen Sie nun die Innenkanten des Streifenstoffs rechts auf rechts, wiederum mit 2 cm Nahtzugabe, auf die Außenkanten des Quadrats. Dann erst schließen Sie die zwei restlichen Ecken. Diese Reihenfolge hat den Vorteil, daß kleine Ungenauigkeiten noch ausgeglichen werden können.
Übrigens: Wenn Sie mit einer Overlockmaschine arbeiten, nähen und versäubern Sie in einem Arbeitsgang; Sie benötigen dann nur jeweils 1 cm Nahtzugabe.
Bügeln Sie die Nähte gut aus. Steppen Sie über die Naht auf der Vorderseite rundherum drei Nahtbänder: erst ein beigebraunes, dann in 3 mm Abstand ein hellbeiges und im gleichen Abstand noch ein rotes.
Nähen Sie die Einzugskordel in das zuvor längs gefalzte Schrägband und dieses dann mit beiden Längskanten rechts auf rechts an die Außenkante der Tischdecke. Bügeln Sie die Kante zur Decke hin gut aus. Um diese Ansatznaht zu verdecken, stecken Sie das 3 cm breite Nahtband auf der linken Stoffseite über die Nahtzugabe von Schrägband und Decke und steppen es an beiden Seiten knappkantig fest.
Eine Variante dieser Tischdecke mit gemustertem Innenteil und einfarbigem Rand ist auf den Seiten 2/3 zu sehen. Das gemusterte Innenteil ist mit einer in Schrägband eingenähten Kordel abgesetzt und der grüne Randstreifen doppelt gegen die Kante gesetzt, so daß die Nahtzugaben abgedeckt sind.

Auf der Unterseite der Decke werden die Nahtzugaben an der äußeren Kante durch ein farbiges Nahtband abgedeckt.

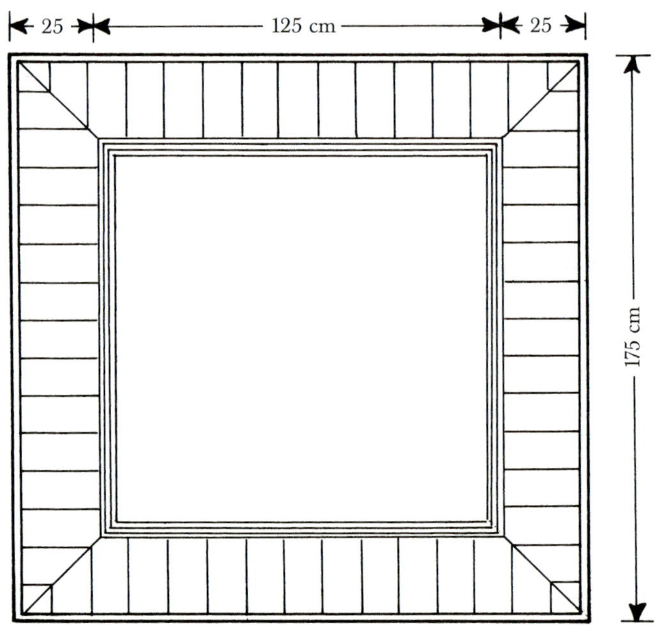

Fünffarbendecke

Leuchtend bunt und fröhlich wirkt diese quadratische Tischdecke aus fünf Stoffteilen, deren kräftige Farben durch die schwarzen Bänder noch betont werden. Vielleicht stand der Maler Piet Mondrian hier Pate – auf jeden Fall wirkt diese „mutige“ Farbkomposition genauso anregend wie seine Bilder.
Die Decke ist einfach zu nähen, da die schwarzen Bänder die auf der rechten Seite liegenden Nahtzugaben und die Saumkante überdecken; auf diese Weise ist die Unterseite glatt und sauber. Die fertige Decke hat eine Größe von 195 x 195 cm.
Eine ideale Ergänzung sind die sechs einfarbigen, mit Nahtband gesäumten Servietten – aus jeder Farbe eine plus eine schwarze.

Material
- 80 x 147 cm gelbes Leinen
- 83 x 113 cm rotes Leinen
- 36 x 83 cm weißes Leinen
- 52 x 162 cm grünes Leinen
- 37 x 197 cm blaues Leinen
- 14 m Nahtband, schwarz, 3 cm breit
- Nähgarn, schwarz

Arbeitsablauf
▷ Schnittkanten versäubern
▷ Leinenstücke aneinandernähen
▷ Nahtband aufsteppen
▷ Mit Nahtband säumen

Bei groben, leicht ausfransenden Leinenstoffen empfiehlt es sich, zunächst alle Schnittkanten mit Zickzackstichen zu versäubern. Danach werden die Stoffteile mit jeweils 1 cm Nahtzugabe links auf links zusammengenäht. Beginnen Sie mit dem weißen Teil, an dessen rechte Längsseite Sie das rote Stoffteil nähen. An die obere Kante dieses weiß-roten Teils nähen Sie nun das gelbe Stück, dann an die gelb-weiße Kante das grüne Teil und an die grün-weiß-rote Kante das blaue Teil – genauso, wie es die Skizze unten vorgibt.
Bügeln Sie die Nahtzugaben auseinander und die Saumkante 1 cm breit auf die Oberseite. Über die Nahtzugaben steppen Sie nun knappkantig das schwarze Nahtband – in der gleichen Reihenfolge wie die Nähte; dadurch überdecken Sie die Ansatzstellen mit dem jeweils folgenden Band. Zum Schluß steppen Sie das Nahtband über die Saumkante, wie in der Abb. rechts gezeigt.

Die auf der Oberseite liegenden Nahtzugaben werden zunächst auseinandergebügelt, dann wird das schwarze Nahtband darübergelegt und von beiden Seiten knappkantig aufgesteppt.

Die auf die Oberseite gebügelten Saumkanten werden ebenfalls mit Nahtband übersteppt. Das geschieht Kante für Kante: Unmittelbar vor der Ecke schneiden Sie das Band gerade ab, dann legen Sie ein neues Band für die folgende Kante auf, wobei Sie den Anfang knapp einschlagen.

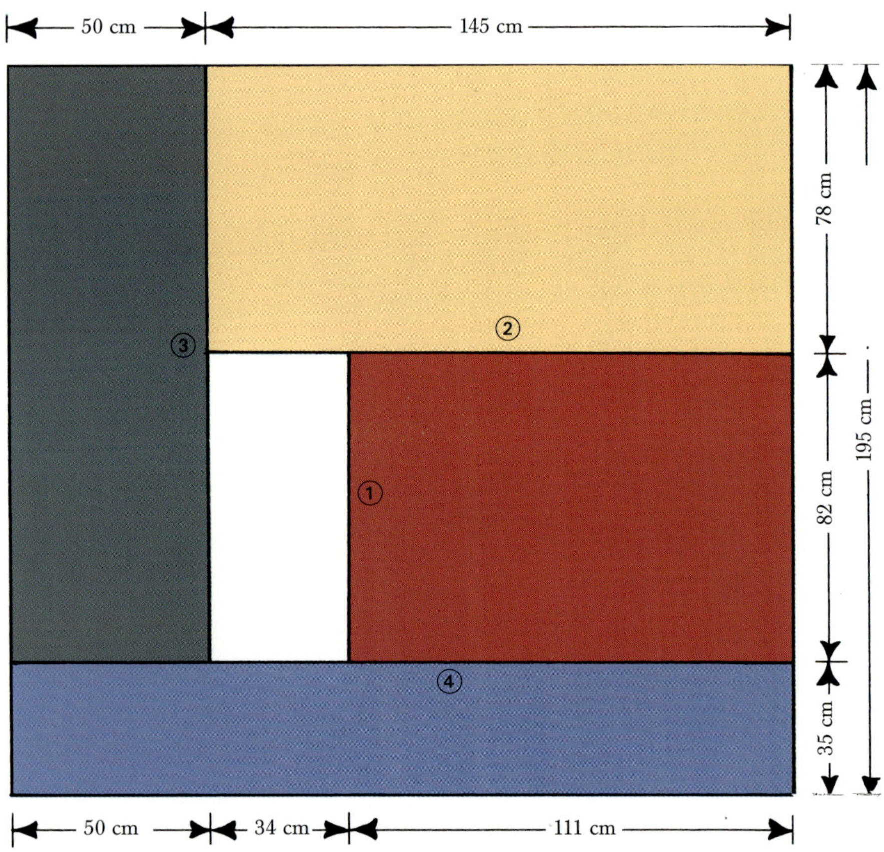

Die Decke besteht aus fünf Teilen, die zusammengesetzt eine Deckengröße von 195 x 195 cm ergeben. Die angegebenen Maße beinhalten nicht die Nahtzugaben. Die Zahlen bezeichnen die Reihenfolge der Nähte.

Leinendecke mit Blumenbordüre

Zum beliebten Landhausstil paßt diese Decke aus reinem Leinen mit einer dekorativen Blumenbordüre, ergänzt mit passenden Servietten. Das dunkle Grün des Leinens läßt die zarten Blüten auf dem hellen Band besonders gut zur Geltung kommen. Für einen Tisch mit der Plattengröße 60 x 150 cm hat die fertige Decke eine Größe von 132 x 212 cm, damit sie an den Seiten schön herabfällt.

Material für die Decke
- 150 x 230 cm Leinen
- 6,50 m Bordüre, ca. 5 cm breit
- Nähgarn in Weiß und Grün

Arbeitsablauf

▷ Schnittkanten versäubern
▷ Saumzugabe auf die Vorderseite bügeln
▷ Ecken nähen
▷ Saum stecken oder heften
▷ Bordüre aufnähen

Versäubern Sie die Schnittkanten mit Zickzackstichen. Bügeln Sie den Saum 9 cm breit auf die Vorderseite und nähen Sie die Ecken (s. Seite 15). Stecken oder heften Sie den Saum. Über die Schnittkante, mit 8 cm Abstand zur Außenkante, stecken Sie die Bordüre. Beginnen Sie in einer Ecke, indem Sie das gerade geschnittene Ende etwas über die diagonale Naht der Ecke legen. Dann wird das Band rundum aufgesteckt und genäht, ohne es in den Ecken auseinanderzuschneiden. Wie Sie dabei vorgehen müssen, zeigt das Foto unten. In der letzten Ecke schneiden Sie Bandanfang und -ende mit je 1 cm Nahtzugabe schräg ab, schlagen das schräge Bandende nach innen und überdecken die Nahtzugabe des Bandanfangs. Die kleine hervorschauende Spitze kippen Sie nach innen. Steppen Sie knappkantig über die Schräge und dann über die Innenkante der Bordüre.

Servietten

Bei den Servietten überdeckt eine schmale Bogenbordüre den auf die rechte Seite geschlagenen Saum. Als zusätzlichen Schmuck können Sie in eine Ecke ein Dreieck aus der breiten Bordüre einsetzen.

Material pro Serviette
- 55 x 55 cm Leinen
- 2 m Bogenbordüre
- Nähgarn

Versäubern Sie die Kanten mit Zickzackstichen. Bügeln Sie 4 cm für den Saum auf die Vorderseite und arbeiten Sie die Ecken, wie auf Seite 15 beschrieben. Nähen Sie die Bordüre (mit der Bogenkante nach außen) über die Schnittkante des Saums. Das gerade abgeschnittene Bordürenende schlagen Sie 1 cm breit ein und steppen es fest.

Die Bordüre wird in einem Stück rundum aufgenäht. In den Ecken wird sie um 90° umgelegt, wie es das Foto zeigt. Beim Aufsteppen wird dann das eingeschlagene Stück Band in der Außenkante mitgefaßt.

An der Ecke, wo sich Anfang und Ende der Bordüre treffen, wird das Band mit 1 cm Nahtzugabe abgeschnitten. Beim Aufnähen liegt die Nahtzugabe des Anfangs mit eingekippter Ecke unter dem eingeschagenen Bandende. Die Schräge wird knappkantig aufgesteppt.

Bei den Servietten überdeckt eine schmale Bogenbordüre die auf der Vorderseite liegende Schnittkante des Saums. Ein reizvolles zusätzliches Detail kann durch die Betonung einer Ecke mit einem Stück der breiten Decken-Bordüre entstehen. Dazu schieben Sie ein an beiden Enden schräg abgeschnittenes Stück bis unter den Saumeinschlag und steppen es knappkantig fest. Dann steppen Sie die Bogenbordüre auf, wie oben beschrieben.

Landhausdecke mit applizierten Bögen

Die Kombination eines Karostoffs mit einem geblümten macht diese Tischdecke so interessant. Ihr rustikaler Charme entsteht durch den grob gewebten Baumwollstoff mit seinen zarten Farben. Die geblümte Kante mit nach innen gerichteten Bögen wird auf den Rand des grün-weiß-karierten Grundstoffs appliziert, die Schnittkante der Bögen ist mit einer Raupennaht überdeckt.
Die Größe der fertigen Tischdecke von 148 x 228 cm errechnet sich aus der Tischplattengröße (70 x 150 cm) plus 40 cm Fall auf jeder Seite. Den Grundstoff benötigen Sie in der vollen Größe, für die Bogenkante brauchen Sie vier 20 cm breite Streifen, deren Länge der der Längs- und Querseiten des Karostoffs entspricht.

Material

- 230 cm Karostoff, 150 cm breit
- 230 cm Blumenstoff, 80 cm breit
- Nähgarn
- Maschinenstickgarn
- Markierstift
- Teller mit 23 cm Ø oder Zirkel und Pappe
- „Bügelnaht" oder „Saumfix"

Arbeitsablauf

▷ Streifen aus dem geblümten Stoff zuschneiden
▷ Bögen auf dem geblümten Streifen einzeichnen
▷ Bögen ausschneiden
▷ Eck-Schrägen auf den Streifen einzeichnen
▷ Streifen an den Schrägen zusammennähen
▷ Zusammengenähten Rand mit rechts auf die linke Seite des Karostoffs nähen, wenden und bügeln
▷ Bogenkante feststecken
▷ Außenkante knappkantig steppen
▷ Bogenkante fixieren
▷ Bogenkante mit Raupennaht übersticken
▷ Bogenkante im Abstand von 7 mm mit Geradstich ziersteppen

Der Karostoff hat mit 150 x 230 cm die volle Tischdeckengröße plus je 1 cm Nahtzugabe. Aus dem geblümten Stoff schneiden Sie je zwei Streifen

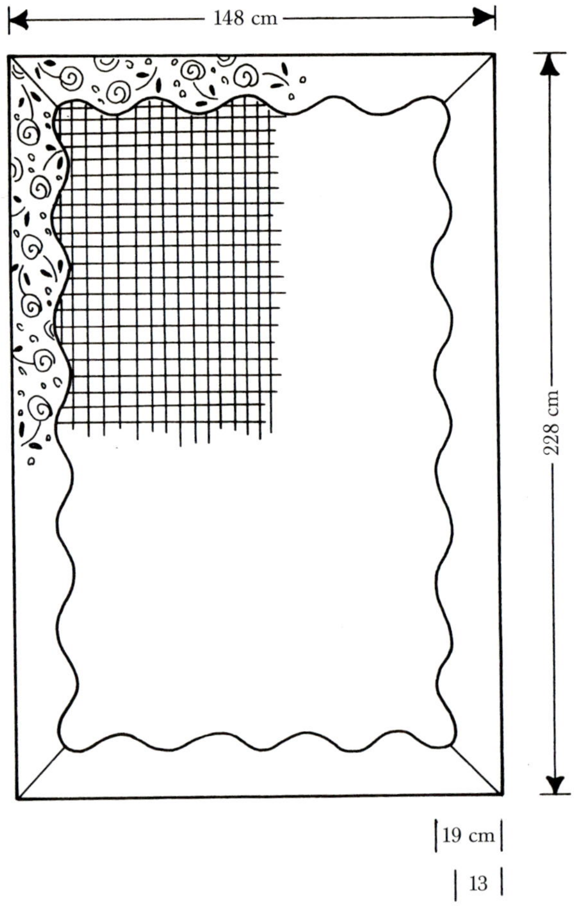

Die Zeichnung zeigt das Schema für die Decke: Auf den karierten Grundstoff wird ein gebogter Randstreifen aus geblümtem Stoff appliziert.

Auf dem 20 cm breiten Streifen aus geblümtem Stoff werden die Bögen eingezeichnet, die Schmalseiten werden für die Ecken abgeschrägt.

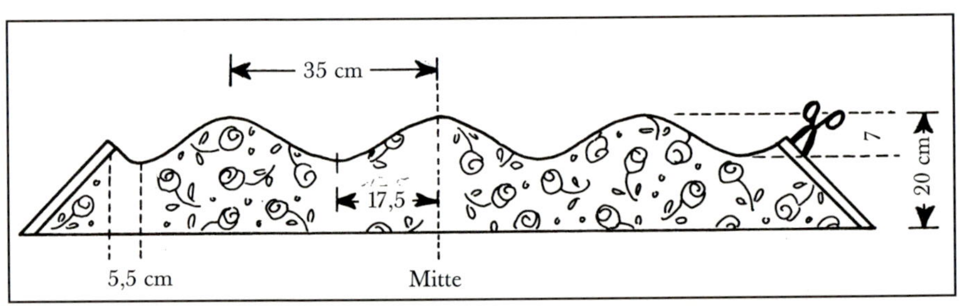

Die fertige Bogenkante wird auf dem Karostoff mit „Bügelnaht" oder „Saumfix" fixiert, damit sie nicht mehr verrutschen oder ausfransen kann.

Mit engen Zickzackstichen (Raupennaht) in einem zum Randstreifen farblich passenden Garn wird die Bogenkante überstickt.

von 20 x 150 cm und 20 x 230 cm Größe zu. Ziehen Sie auf den Streifen in 14 cm Abstand von der später innenliegenden Kante mit dem Markierstift eine Hilfslinie für die Begrenzung der Bogentäler. Die geblümten Streifen für die Längsseiten haben je fünf Bögen, die Querseiten je drei, die Sie nun, in der Mitte beginnend, einzeichnen; der Abstand vom jeweils höchsten Bogenpunkt zum nächsten beträgt 35 cm. Passen Sie die Anzahl der Bögen dem Blumenmuster an: ein Bouquet oder eine Blume sollte sich in jedem Bogen wiederholen. Auf der kleinen Zeichnung auf Seite 34 sind die Bögen mit den entsprechenden Maßen für eine Querseite gezeigt, für die Längsseiten verlängern Sie das Schema um jeweils zwei Bögen.
Die Bögen zeichnen Sie mit Hilfe eines Tellers oder einer mit dem Zirkel selbstgefertigten Pappschablone auf. Schneiden Sie die Bögen aus. An den Schmalseiten der Streifen zeichnen Sie, jeweils zum Bogental hin, in einem 45°-Winkel die Schrägen für die Ecken plus je 1 cm Nahtzugabe ein und schneiden den überschüssigen Stoff ab.
Nähen Sie nun die schräg geschnittenen Schmalseiten der Streifen aneinander. Stecken Sie dann den zusammengenähten Bogenrand mit der rechten Seite auf die linke Seite des Karostoffs und steppen Sie die Außenkante rundum mit 1 cm Nahtzugabe fest. Bügeln und wenden Sie den Bogenrand zur rechten Stoffseite und bügeln Sie auch die Kanten gut aus. Stecken Sie die Bogenkante auf dem Karostoff fest, und steppen Sie mit 0,5 cm Abstand von der Außenkante (füßchenbreit) eine Naht.
Fixieren Sie die Bogenkante, indem Sie sie mit „Bügelnaht“ oder „Saumfix“ rundum glatt auf den Karostoff bügeln. Nun kann sie nicht mehr verrutschen oder ausfransen.
Übersticken Sie die Schnittkante der Bögen mit einer Raupennaht im Zickzackstich, Stichlänge 0,3 mm, Stichbreite 3 mm, ausgeführt mit Maschinenstickgarn. Zum Schluß steppen Sie in 7 mm Abstand zur Raupennaht auf dem geblümten Stoff eine Geradstich-Ziernaht mit dem gleichen Garn.

Tischdecke mit Bogenkante

Diese Tischdecke (Foto Seite 39) ist aus zwei alten, auf dem Flohmarkt erstandenen Leinenstoffen genäht. An das grob gewebte Mittelteil ist ein feiner Streifenstoff angesetzt, dessen Bogenkante der Decke ein romantisches Aussehen verleiht.
Wenn Sie neue Stoffe verwenden, müssen Sie 5 % mehr Stoff für das Einlaufen hinzurechnen oder die Stoffe vorwaschen.
Die fertige Decke hat eine Größe von 148 x 184 cm.

Material
- 110 x 146 cm weißes Leinen
- 88 x 144 cm und 88 x 180 cm gestreiftes Leinen
- Nähgarn
- Teller mit 18 cm Ø oder Zirkel und Pappe
- Markierstift

Arbeitsablauf
▷ Acht Teile für den gestreiften Rand zuschneiden
▷ Bögen auf den Randstreifen einzeichnen
▷ Bogenkanten nähen, bügeln
▷ Bogenränder von links an den Stoff nähen
▷ Ecken schließen
▷ Obenliegende Kante einkippen und von rechts aufsteppen
▷ Zweite Naht steppen

Die gezeigte Decke ist für eine Tischgröße von 94 x 130 cm gedacht; d. h. das weiße Innenteil ist rundum 7 cm plus je 1 cm Nahtzugabe größer als die Tischplatte, hat also eine Größe von 110 x 146 cm.
Für den gebogten Rand benötigen Sie acht Teile, denn er liegt doppelt und wird vestürzt genäht. Der Rand hat eine Breite von 20 cm plus je 1 cm Nahtzugabe, vier Teile haben die Länge der Schmalkanten und die vier anderen die der Längskanten des weißen Stoffs – plus Zugabe für die Schrägen in den Ecken.
Schneiden Sie also vier Teile von 22 x 148 cm und vier weitere Teile von 22 x 184 cm Größe aus dem gestreiften Stoff zu, wobei Sie auf den identischen Verlauf des Streifenmusters achten müssen, damit dieses in den Ecken exakt aufeinandertrifft.
Orientieren Sie sich für die folgenden Arbeitsschritte an den Zeichnungen auf der Seite rechts. Zeichnen Sie auf die Randstreifen jeweils eine Linie in 10 cm Abstand zur später innenliegenden Kante und von dieser Linie nach außen gerichtet die Halbkreise für die Bögen, die einen Durchmesser von 18 cm haben: je zehn Bögen auf zwei lange und je acht auf zwei kurze Bahnen. Damit die Bögen gleichmäßig rund werden, verwenden Sie entweder einen Teller mit dem entsprechenden Durchmesser oder eine Pappschablone, die Sie sich mit Hilfe eines Zirkels ganz einfach selbst herstellen können.

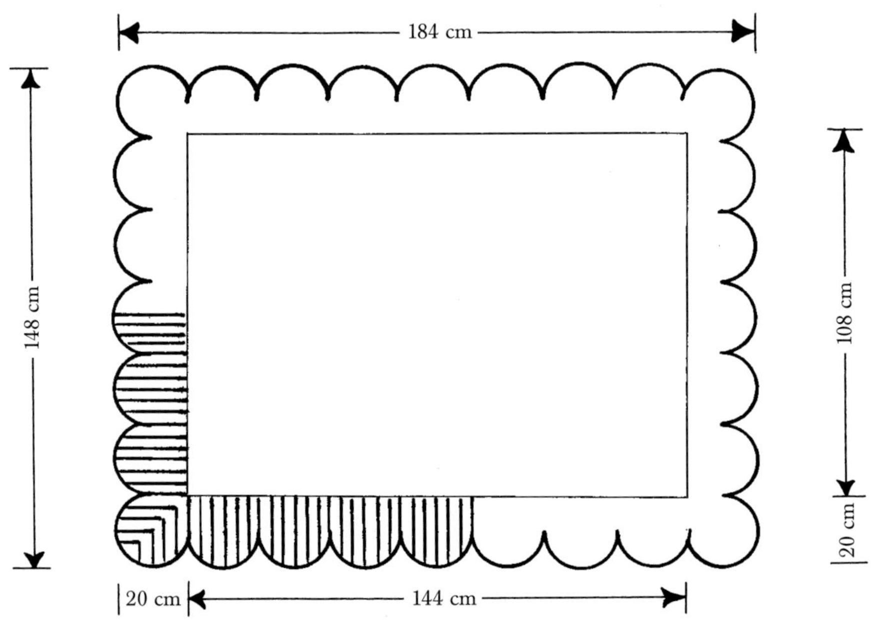

Legen Sie nun die zugeschnittenen, jeweils passenden Bahnen rechts auf rechts exakt übereinander und steppen Sie, mit 1 cm Abstand zu den Bögen, die Kanten zusammen. In den spitzen Winkeln der Bögen verläuft die Naht so, wie es die rote Nahtlinie in den Zeichnungen rechts zeigt. Bügeln Sie die Naht und schneiden Sie die Nahtzugaben ein, wie in Zeichnung 3 zu sehen. Wenden Sie den verstürzten Bogenrand und bügeln Sie die Bogenkante sorgfältig aus.
Nähen Sie nun die vier fertigen Randstreifen mit der geraden Kante an den weißen Stoff; zuerst – mit 1 cm Nahtzugabe – von links.
Um die Ecken zu nähen, gehen Sie folgendermaßen vor: Zeichnen Sie vom Ansatzpunkt des jeweils letzten Bogens einer Seite eine senkrechte Linie zum oberen Rand der Bahn und von diesem Punkt in einem Winkel von 45° eine Linie zur Außenkante; der letzte Bogen ist dann kein vollständiger Halbkreis mehr (s. Zeichnung 4). Schneiden Sie den Stoff an den Schrägen mit jeweils 1 cm Nahtzugabe ab und schließen Sie dann die Ecknähte.
Nähen Sie zum Schluß von der rechten Seite die zweite gerade Kante des Bogenrands mit 1 cm Einschlag knappkantig auf. Parallel zu dieser Naht steppen Sie in 7 mm Abstand eine zweite Naht, wie es das Detailfoto auf der folgenden Seite zeigt.
Bei anderen Tischmaßen sieht die Rechnung für diese Decke folgender-

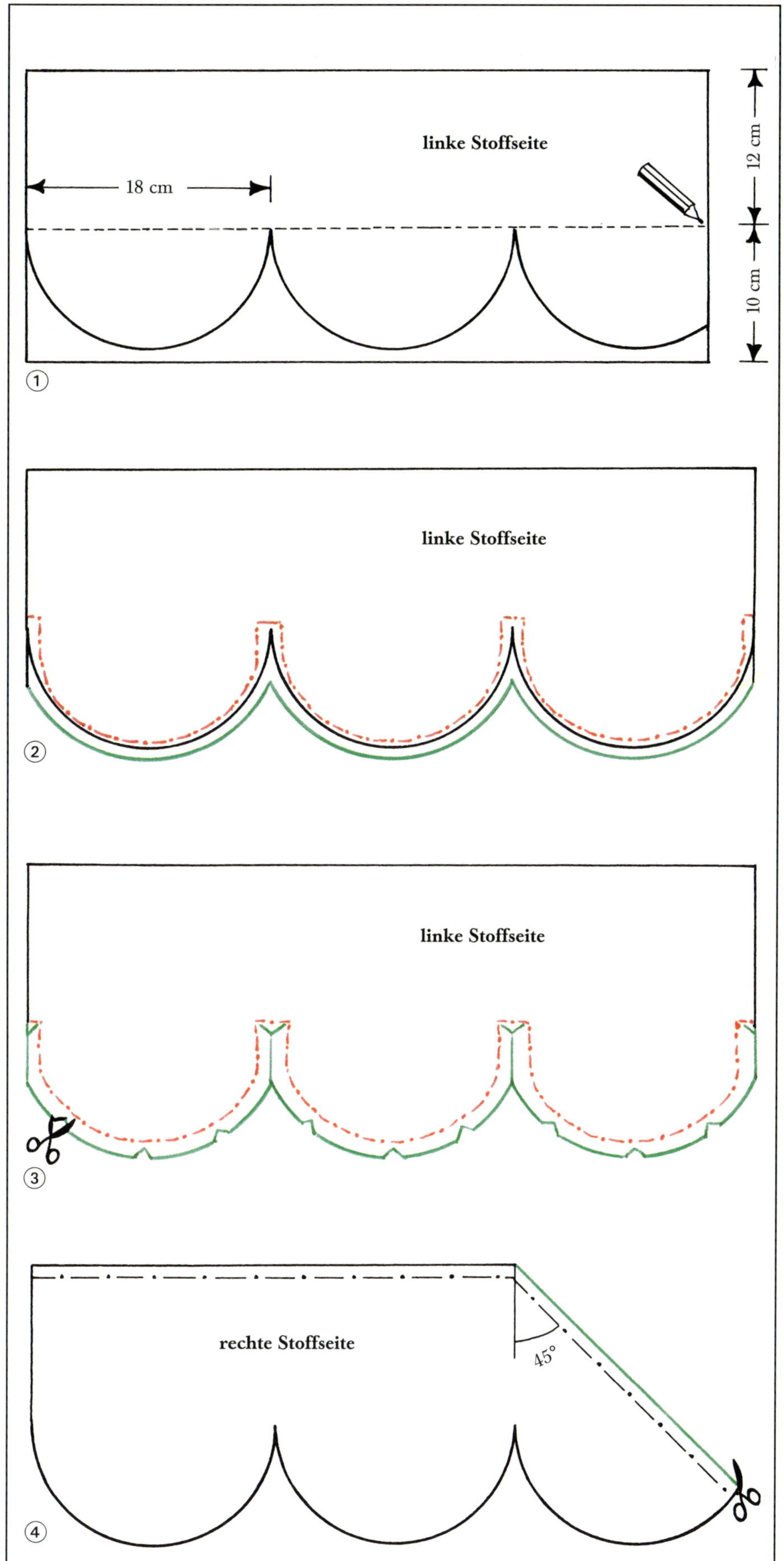

1. Die Bögen werden von einer Hilfslinie aus, die in 10 cm Abstand zur oberen geraden Kante liegt, aufgezeichnet.

2. Die Steppnaht, mit der die beiden gebogten Teile zusammengenäht werden (in der Zeichnung rot), weicht an den Stoßstellen der Bögen leicht aus, damit die Nahtzugaben besser eingeschnitten werden können.

3. Die Nahtzugaben werden dreieckförmig eingeschnitten, damit sie beim späteren Wenden des doppelt liegenden Bogenrands glatt liegen, ohne zu stauchen.

4. Für die Ecke wird über dem Ansatzpunkt des letzten Bogens ein Winkel von 45° eingezeichnet und der restliche Stoff bis zur Nahtzugabe abgeschnitten.

maßen aus: Zur Größe des Tischs addieren Sie rundum jeweils 8 cm. Um an dem Randstreifen die Bogengröße zu ermitteln, teilen Sie die Längskante des Innenteils ohne Nahtzugabe durch die Anzahl der vorgesehenen Bögen. Für die Schmalseite wird deren Länge durch diese Bogengröße geteilt. Für die Ecken benötigen Sie jeweils einen weiteren Bogen. Varianten der Bogenkante sind z. B. verstürzt genähte Rechtecke, wie auf den Fotos unten und rechts zu sehen, oder auch Dreiecke. Eine Alternative zum verstürzt genähten Randstreifen ist, bei einfach liegendem Stoff, das Einfassen der Bögen, Rechtecke oder Dreiecke mit Schrägband; allerdings eine recht knifflige Angelegenheit!

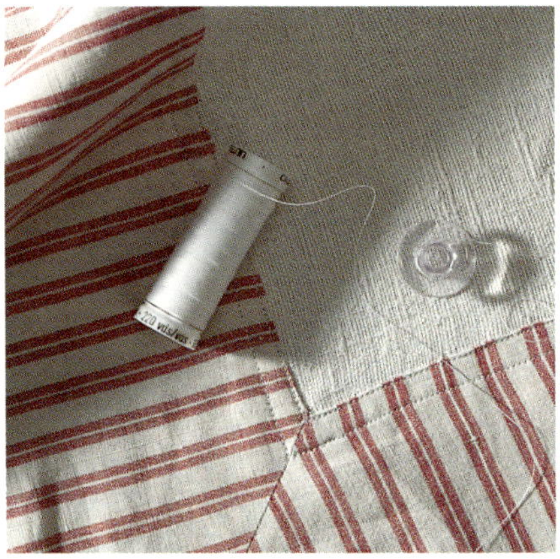

Die obenliegende gerade Kante des gebogten Randstreifens wird mit 1 cm Einschlag auf den Grundstoff gesteppt: mit einer Naht direkt an der Kante und einer zweiten in 7 mm Abstand zur ersten.

Die „eckigen Bögen“ dieser weißen Piquédecke, die durch das aufgesteppte Nahtband dekorativ akzentuiert werden, erinnern an die Zinnen einer alten Ritterburg: die richtige Decke für ein „rustikales“ Mahl mit entsprechender Tischdekoration.

Die Arbeitsweise für diese Randgestaltung ist die gleiche wie für die runde Bogenkante, der Stoff liegt ebenfalls doppelt und wird verstürzt genäht. Die Kanten werden mit einer Ziersteppnaht gehalten. Eine lange Unterdecke aus gemustertem Stoff läßt den weißen Piqué voll zur Geltung kommen.

Tischdecke mit Volant

Ein schön gedeckter Tisch, auf den das Laub der Bäume seine Schatten wirft – so läßt sich ein warmer Sommertag im eigenen Garten am besten genießen. Ein fester weißer Baumwollstoff eignet sich für die Kaffeetafel besonders gut, da er sich problemlos waschen läßt.

Auf der Tischplatte liegt die Decke glatt auf, der herabhängende Volant ist in gleichmäßige kleine Falten gelegt; mit einem Spezialfuß der Nähmaschine ist diese Arbeit schnell und leicht zu erledigen. Den sogenannten Mehrstichkräusler gibt es für fast alle Nähmaschinentypen, fragen Sie danach in Ihrem Fachgeschäft.

Der glatte Teil der fertigen Decke ist so groß wie die Tischplatte (hier 72 x 177 cm), der Volant ist 30 cm lang.

Material

- 340 cm weißer Baumwollstoff, 150 cm breit
- Nähgarn
- Mehrstichkräusler

Arbeitsablauf

▷ Zuschneiden
▷ Streifen für den Volant aneinandernähen
▷ Volant säumen
▷ Schnittkanten versäubern
▷ Mehrstichkräusler einsetzen
▷ Volant in kleine Falten nähen
▷ Volant ansetzen
▷ Ziersteppen

Um den Stoffbedarf zu ermitteln, rechnen Sie zur Tischplattengröße (hier 72 x 177 cm) an jeder Kante 1,5 cm Nahtzugabe hinzu (ergibt 75 x 180 cm). Für den gefältelten Volant benötigen Sie die doppelte Länge: Addieren Sie die Längenmaße der vier Seiten (hier 498 cm) und multiplizieren Sie diese Summe mit 2. Der Volant für die vorgestellte Decke muß also rund 10 m lang sein. Er ist 37 cm breit.

Schneiden Sie alle Teile nach dem nebenstehenden Schnittschema zu.

Nähen Sie die Volantteile an den Schmalseiten zusammen. Schlagen Sie die untere Kante des Volants 5 cm breit ein, davon nochmals 1 cm, und nähen Sie den 4 cm breiten Saum.

Die obere Kante des Volants versäubern Sie mit Zickzackstichen, ebenso die Schnittkanten der Decke.

Schrauben Sie den Mehrstichkräusler an die Nähmaschine und stellen Sie ihn auf 6 ein; d. h. daß er bei jedem 6. Stich eine kleine Falte setzt und diese mit einem Geradstich übernäht. Anschließend setzen Sie den Volant rechts auf rechts an das glatte Deckenteil. Bügeln Sie die Nahtzugaben zur Deckenmitte hin und steppen Sie sie von rechts mit zwei Geradstichnähten fest: Die erste Naht verläuft direkt neben der Kante, die zweite füßchenbreit daneben.

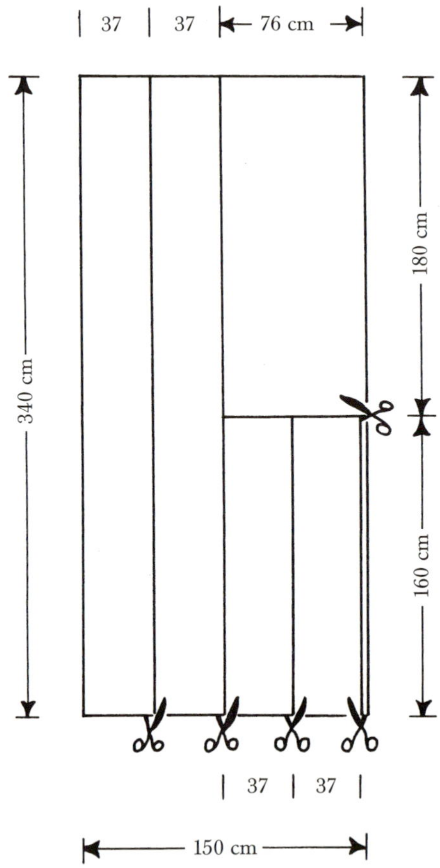

Gehen Sie beim Zuschneiden nach diesem Schema vor: Für die Tischplatte schneiden Sie ein Teil zu und für den Volant vier Streifen, die dann an den Schmalseiten aneinandergenäht werden.

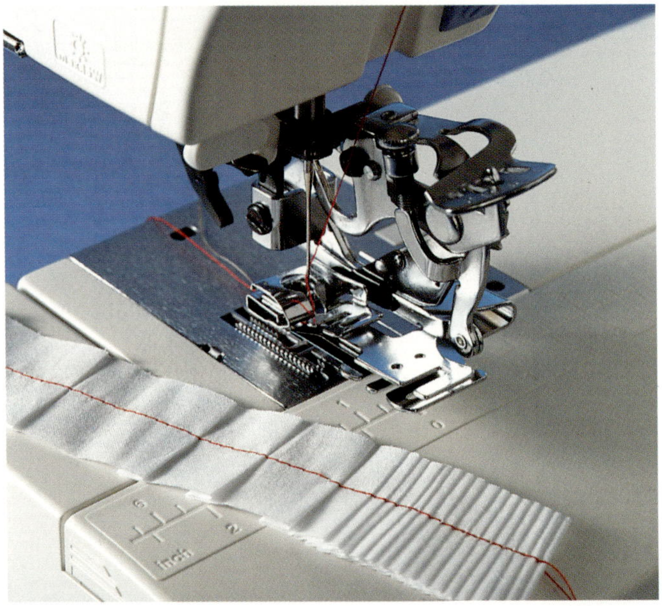

Der Mehrstichkräusler gilt als Sonderzubehör. Dieser Spezialfuß setzt, je nach Einstellung, entweder bei jedem Stich, jedem 6. oder jedem 12. Stich eine Falte. Die Faltentiefe läßt sich an einer Schraube variieren. Muß beim Nähen für ein kurzes Stück das Fälteln unterbrochen werden, können Sie den Faltenleger aushängen.

Formdecke mit Knöpfen

Die raffiniert geknöpfte Tischdecke (Foto Seite 45) sieht nicht nur außergewöhnlich dekorativ aus, durch die Knopfleisten wird auch die Form des Tisches betont. Werden die Knöpfe entsprechend eingefärbt, können sie eine optische Verbindung zum Porzellan herstellen.
Aus einem großen Stoffteil, das aufgelegt fast bis zum Boden reicht, werden an den Ecken bis zur Tischhöhe Quadrate herausgeschnitten. Separat genähte Knopfteile werden dann so untergelegt und eingeknöpft, daß eine geschlossene Formdecke entsteht. Ausgeknöpft kann die Decke glatt gebügelt oder gemangelt und gut zusammengelegt werden.
Für einen Tisch mit einer 70 x 140 cm großen Platte hat die fertige Decke eine Größe 200 x 270 cm.

Material

- 365 cm Leinen, 230 cm breit
- 120 cm Vlieseline H 200
- Nähgarn
- Markierstift
- 48 Zwirnknöpfe

Arbeitsablauf

▷ Teile nach Schnittschema auf dem Stoff markieren und zuschneiden
▷ Außenkanten säumen
▷ In den Ecken Vlieseline unterbügeln

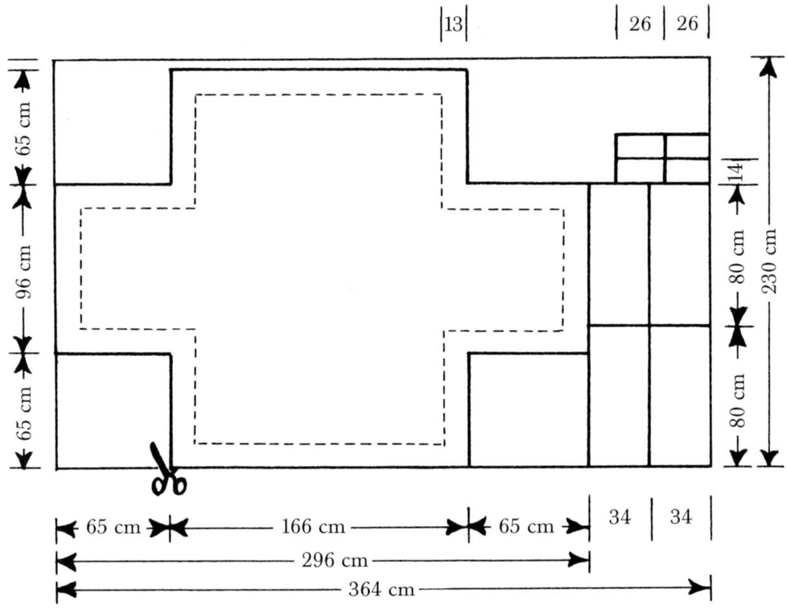

▷ Kanten in den Ecken säumen
▷ Knopflöcher nähen
▷ Eckteile säumen
▷ Knöpfe an Eckteile annähen

Bedenken Sie vor dem Zuschneiden, daß Leinen um etwa 5 % einläuft; am besten, Sie waschen den Stoff vor. Zeichnen Sie auf den glatt ausgelegten Stoff das Deckenformat plus je 13 cm Saumzugabe, außerdem die herauszuschneidenden Quadrate, die Saumstreifen und die vier Knopfteile (jedes 34 x 80 cm groß), wie aus dem Zuschneideplan ersichtlich. Schneiden Sie alle Teile zu. Außerdem benötigen Sie noch acht 12 x 77 cm große Streifen aus Vlieseline zum Verstärken des Stoffs für die Knopflöcher.

Beginnen Sie beim Säumen mit den vier Außenkanten der Decke. Der fertige Saum mit 1 cm Einschlag ist 12 cm breit. Dann werden die Schnittkanten in den Ecken gesäumt: Schneiden Sie in der Ecke den Stoff waagerecht 13 cm tief ein. Wenn Sie nun die Saumzugabe einer Kante bis zur Ecke einschlagen, fehlt an der anderen Kante ein 13 cm langes Stück. Sie müssen also den Einschlag um dieses Stück ergänzen, wie es die Zeichnung oben auf der rechten Seite zeigt.
Bügeln Sie je einen 12 cm breiten Vlieselinestreifen unter die Eckkanten, schlagen Sie die Säume ein und nähen Sie sie knappkantig fest. Für besseren Halt sorgt eine zweite Naht, die Sie nach dem Ausbügeln knapp neben der Außenkante von rechts steppen.
Zeichnen Sie die Knopflöcher in zwei Reihen auf die fertig gesäumten Kanten, 2 bzw. 5 cm von der Kante entfernt und mit 5 cm Abstand zueinander. Nähen Sie die Knopflöcher. Die meisten Nähmaschinenmodelle haben einen Spezialfuß (Knopflochsohle), mit dem sie nicht nur sehr schnell, sondern auch genau und gleichmäßig gearbeitet werden können.
Nun fehlen noch die vier Knopfteile. Sie werden unten 12 cm breit gesäumt (also 13 cm und davon nochmals 1 cm breit eingeschlagen); an der oberen Kante und an den Seiten, mit knappem Einschlag, nur 2 cm breit.
Um die Position der Knöpfe genau markieren zu können, legen Sie die Decke am besten auf den Tisch und

Ergänzen Sie den fehlenden Untertritt in der Ecke, indem Sie ein kleines Rechteck einnähen. Dann kann der Saum wie üblich fertiggenäht werden.

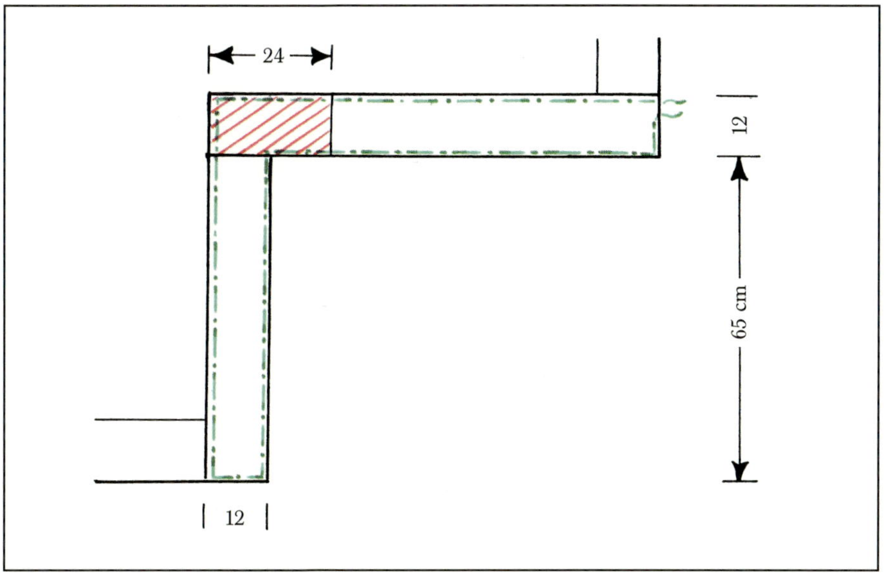

Mit der Knopflochsohle der Nähmaschine können die Knopflöcher ganz exakt genäht werden. Anschließend werden sie mit einer Spezialschere oder einem Pfeiltrenner eingeschnitten.

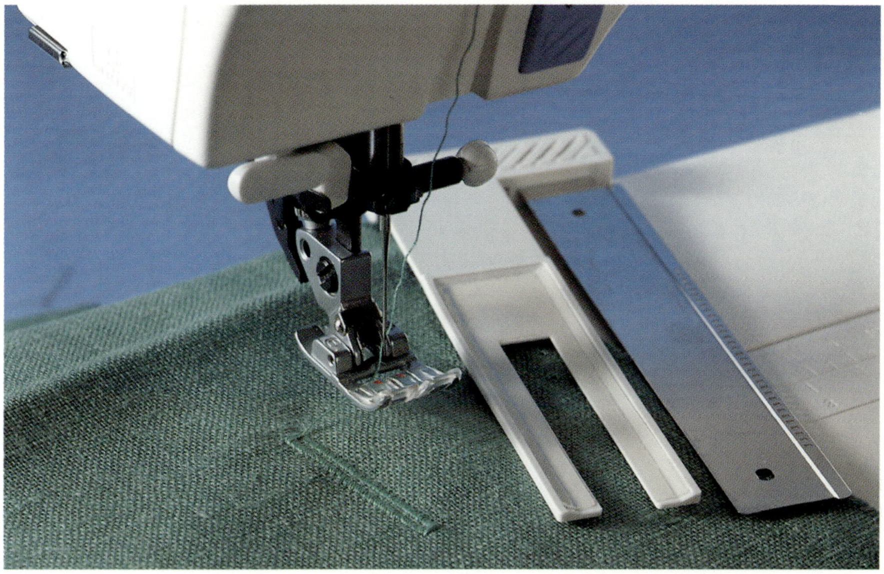

Zwirnknöpfe lassen sich mit Textilfarbe in jedem gewünschten Ton einfärben. Das lohnt sich vor allem bei größeren Mengen. Haben Sie dagegen nur wenige Knöpfe zu färben, empfiehlt sich ein „Permanent Marker", der in vielen Farbtönen erhältlich ist.

stecken die Eckteile an die Decke, so wie sie später fallen müssen. Nähen Sie dann die Knöpfe auf den Markierungen an – mit dem Knopfannähprogramm Ihrer Nähmaschine ist das ganz unkompliziert und geht blitzschnell. Verwenden Sie Knöpfe mit Bohrlöchern, müssen Sie auf den richtigen Abstand achten.
Wollen Sie den Knopf mit einem Steg annähen, stecken Sie ein Streichholz in die Mitte des Nähmaschinenfußes und starten das Programm. Nach Programmende ziehen Sie Knopf und Stoff auseinander, wickeln die Nähfäden um den entstandenen Steg und verknoten sie.
Hat ihre Maschine kein Knopfannähprogramm, können Sie die Knöpfe auch mit Zickzackstichen in entsprechender Breite (z. B. 4 mm) und Stichlänge 0 annähen.
Nutzen Sie die ausgeschnittenen Ecken und den Reststoff, um daraus Tafelservietten zu nähen. Schneiden Sie diese 54 x 68 cm groß zu (für vier weitere Servietten müßten Sie, bei 230 cm Stoffbreite, nur 70 cm mehr Stoff kaufen). Versehen Sie die Servietten mit einem 2 cm breiten Saum (3 cm Saumzugabe, davon 1 cm Einschlag). Als Zierde nähen Sie jeweils ein Knopfloch in eine Ecke, wie es das Foto auf Seite 42 zeigt. Schneiden Sie es nicht auf, sondern setzen Sie einfach einen Knopf darüber.

Mit der Maschine sind die vielen Knöpfe schnell angenäht. Hat Ihre Nähmaschine kein Knopfannähprogramm, geht das – besonders bei den Zwirnknöpfen – auch mit einer Zickzackstich-Einstellung (4 mm Stichbreite, Stichlänge 0).

Bei dickeren Stoffen empfiehlt es sich, die Knöpfe mit einem Steg zu versehen. Ein eingeschobenes Streichholz sorgt für den notwendigen Abstand. Nach dem Annähen wird der Knopf leicht nach oben gezogen und der Steg mit dem in entsprechener Länge abgeschnittenen Faden umwickelt. Das Fadenende wird zum Schluß verknotet.

Die vier Unterlegteile für die Ecken werden separat genäht und bei Bedarf einfach eingeknöpft. So kann die Decke glattliegend gebügelt und zusammengelegt werden.

Decke mit Quiltmuster

Die alte Handarbeitstechnik des Quiltens, bei der zwei Stofflagen und eine Wattierung durch musterbildende Steppnähte verbunden werden, ist seit einiger Zeit auch bei uns sehr populär. Die Quiltmuster können streng geometrisch, ornamental oder verspielt sein, sie können frei gesteppt oder vorher mit Schablonen aufgezeichnet werden. Traditionell werden sie durch von Hand genähte Vorstiche gebildet. Doch haben Sie keine Angst vor der „Hand“arbeit – die modernen Nähmaschinen nehmen Ihnen diese Arbeit ab. Ein Spezialstich, bei dem ein Geradstich mit einem Dreifachgeradstich abwechselt, imitiert den Handstich und läßt die Quiltnähte fast wie von Hand gesteppt aussehen.
Aufwendige Quiltmuster kommen am besten auf einer einfarbigen Fläche zur Geltung, wie die hier vorgestellte Tischdecke eindrucksvoll zeigt. Mit der Nähmaschine sind geometrische Muster am einfachsten zu steppen, doch auch Muster, die nicht zu starke Rundungen aufweisen, bereiten keine großen Schwierigkeiten.
Verwenden Sie als Oberfaden Transparentgarn, und stellen Sie die Oberfadenspannung sehr fest ein. Wählen Sie als Unterfaden ein farblich passendes Nähgarn. Lockern Sie die Unterfadenspannung; so wird der Spulenfaden stark auf die Oberseite gezogen und beim Dreifachgeradstich sichtbar, der Geradstich hingegen bleibt durch das Transparentgarn unsichtbar.
Die 110 x 180 cm große Decke aus rosa Baumwollstoff besteht aus zwei Stofflagen und einer Vlieswattierung.

Material

- 110 x 180 cm Baumwollstoff für die Oberseite
- 118 x 188 cm Baumwollstoff für die Unterseite
- 110 x 180 cm Vlieswattierung
- Nähgarn, transparent und farbig
- Markierstift
- Quiltmuster-Schablonen („Fächer“ und „Liane“)
- Langes (Quilt-)Lineal, Zollstock

Arbeitsablauf

▷ Zuschneiden
▷ Quiltmuster auf Oberstoff zeichnen
▷ Unterseite, Wattierung, Oberseite aufeinanderlegen und heften
▷ Muster steppen
▷ Überstehenden Stoff der Unterseite nach oben schlagen und steppen

Nach dem Zuschneiden teilen Sie die innere Fläche des Oberstoffs von 70 x 140 cm Größe in je 17,5 x 17,5 cm große Quadrate auf. In die vier zentralen Felder zeichnen Sie das Muster der Schablone „Fächer“ so ein, daß sie zusammen eine Rosette bilden; in den äußeren Eckquadraten erscheint der „Fächer“ als Einzelmuster. Die übrigen Quadrate werden mit waagerechten, senkrechten oder diagonalen Linien in 8 mm Abstand (füßchenbreit) zueinander gefüllt. Eingerahmt wird diese Innenfläche von sechs Linien, einer Bogenbordüre (Schablone „Liane“) und acht weiteren Linien, wie auf dem Foto unten zu sehen.
Legen Sie die drei Lagen – Unterseite, Wattierung, Oberseite – exakt übereinander, wobei die größere Unterseite rundum 4 cm übersteht. Heften oder stecken Sie die Lagen zusammen und nähen Sie nun die Quiltlinien mit dem Spezialstich der Nähmaschine, wie oben beschrieben.
Zum Schluß schlagen Sie den überstehenden Stoff der Unterseite nach oben und nähen ihn, ebenfalls mit dem Quiltstich, mit 1 cm Einschlag auf die Oberseite.

Schablonen erleichtern das Aufzeichnen der Quiltmuster. Es gibt sie mit vielen unterschiedlichen Motiven, die sich teilweise auch gespiegelt verwenden bzw. zu großen Mustern aneinandersetzen lassen. Das Quiltlineal mit seinem Raster erleichtert das Zeichnen paralleler Linien.

Das eindrucksvolle Flächenmuster wurde mit Transparentgarn als Oberfaden gesteppt. Übrigens: Die mit Markierstift aufgezeichneten Muster und Linien hinterlassen keine Spuren, sie lösen sich entweder allein durch die Luftfeuchtigkeit oder durch Ansprühen mit Wasser wieder auf. Bei einem größeren Werkstück empfiehlt sich ein Stift, dessen Markierungen nur durch Ansprühen wieder gelöscht werden, da die Arbeit einige Zeit in Anspruch nimmt.

Patchworkdecke

Hier ist der „Tisch" im Grünen gedeckt (Foto Seite 51): An einem warmen, sonnigen Sommertag unter einem schattenspendenden Baum zu sitzen und sich die mitgebrachten Köstlichkeiten schmecken zu lassen – was kann schöner sein? Für so ein ausgedehntes Picknick ist die 176 x 207 cm große, wattierte Patchworkdecke einfach ideal, ihr farbenfrohes Muster sorgt zudem für eine fröhliche und appetitanregende Atmosphäre.
Bei der traditionellen amerikanischen Patchworktechnik wurden Flicken („patches") zu einer neuen Decke zusammengesetzt. Man sammelte Baumwollstoffe von abgelegten Hemden, Blusen, Schürzen und alter Bettwäsche, schnitt sie in Stücke und setzte sie in einer bestimmten Anordnung wieder zusammen. So haben sich im Laufe der Zeit viele phantasievolle Muster entwickelt, in deren Namen sich der Alltag und die gewohnte Umgebung widerspiegeln: „Log Cabin" (Blockhaus), „Grandma's Flower Garden" (Großmutters Blumengarten), „Railroad Crossing" (Bahnübergang), „Lone Star" (Einzelner Stern), „Pinwheel" (Windrad).
Die vorgestellte Decke mit dem Blockmuster „Irish Chain" (Irische Kette) steht ganz in dieser Tradition. Die beiden Stofflagen und die eingelegte Wattierung werden durch ein zum Schluß gestepptes, geometrisches Quiltmuster zusammengehalten.

Ganz oben: Für die vielen kleinen Quadrate werden zuerst Streifen zusammengenäht, diese dann zerschnitten und in der richtigen Farbkombination erneut aneinandergesetzt.
Oben: Benutzen Sie das Foto als Vorlage für das Quiltmuster auf den weißen Flächen. Erst werden die Umrisse des jeweiligen weißen Quadrats nachgesteppt, dann zwei sich überschneidende Rechtecke, die in dem Quadrat diagonal angeordnet sind.

Was auf den ersten Blick nach viel Arbeit aussieht, ist in Wirklichkeit gar nicht so schlimm. Grundlage der Decken-Oberseite sind Quadrate in wiederkehrenden Farbfolgen, die zunächst zu Streifen zusammengenäht und diese dann miteinander verbunden werden.
Die großen Flächen aus weißen Quadraten bringen Ruhe in das Muster. Der verwendete Blumenstoff hatte eine Streifenbordüre, die sich hervorragend für den Rand ausnutzen ließ, indem sie mit den einfarbigen Stoffen zu einem Rahmen zusammengesetzt wurde. Für den Fall, daß Sie einen solchen Stoff nicht erhalten, gibt es viele Composéestoffe, die man in gleicher Farbstellung gemustert und gestreift kaufen kann.

Das Patchworkmuster ist relativ einfach, denn es besteht nur aus Quadraten. Ein aus drei Streifen zusammengesetzter Rand umrahmt die „Irish Chain".

Die Rückseite dieser Picknickdecke ist weiß, mit einem Rand aus den verwendeten Stoffen. Auf der durchgehend weißen Fläche ist das durch alle drei Lagen gesteppte Muster besonders gut zu erkennen.

Material

- 330 cm weißer Stoff, 140 cm breit
- 210 cm Blumenstoff, 140 cm breit
- 150 cm roter Stoff, 140 cm breit
- 100 cm grüner Stoff, 140 cm breit
- 250 cm Vlieswattierung, 150 cm breit
- Viel Nähgarn!
- Eventuell Nähmaschinenlineal
- Bei Verwendung von Composéestoffen: 50 cm gestreifter Stoff und 170 cm Blumenstoff, bei 140 cm Stoffbreite

Arbeitsablauf

▷ Rückseite zuschneiden
▷ Weiße Quadrate zuschneiden
▷ Streifen aus gemusterten und farbigen Stoffen schneiden
▷ Streifenkombinationen nähen
▷ Streifenkombinationen durchschneiden und wieder zusammenfügen
▷ Randstreifen zusammennähen
▷ Fertigen Rand rundum annähen
▷ Weißen Rückseitenstoff mit farbigem Rand versehen
▷ Wattierung zuschneiden und aneinandernähen
▷ Wattierung zwischen Ober- und Unterseite legen und alle drei Lagen stecken oder heften
▷ Quiltmuster aufzeichnen, steppen
▷ Decke einfassen

Schneiden Sie zuerst für die Rückseite aus dem weißen Stoff ein 134 x 177 cm großes Stück zu.
Für das anschließende Zuschneiden der Streifen sind ein Rollschneider mit Schneidematte und ein Quiltlineal sehr zu empfehlen. Auf keinen Fall dürfen die Streifen gerissen werden, weil sich der Stoff dabei verzieht.
Für die größeren, inneren Quadrate in den weißen Feldern schneiden Sie zwei Streifen von 17 cm Breite zu, die Sie in 15 Quadrate von 17 x 17 cm aufteilen. Die kleineren weißen und die Quadrate aus den farbigen Stoffen sind genäht 5 x 5 cm groß, mit jeweils 1 cm Nahtzugabe macht das 7 x 7 cm im Zuschnitt. Schneiden Sie die Stoffe also in 7 cm breite Streifen: in 20 rote, 27 geblümte, 13 grüne und 15 weiße

Streifen. Diese Streifen werden nun an den Längsseiten aneinandergenäht. Am einfachsten ist es, wenn man zuerst alle wiederkehrenden Musterfolgen zusammensetzt. Nähen Sie daher die Streifen in folgenden Kombinationen aneinander:
geblümt, rot, geblümt
geblümt, grün, geblümt
geblümt, rot
geblümt, rot, geblümt, rot, geblümt
weiß, weiß, weiß
geblümt, weiß
Diese Streifenkombinationen werden dann quer in jeweils 7 cm Abstand durchgeschnitten. Fügen Sie die so entstandenen neuen kurzen Streifen zu langen Querreihen gemäß Musterfolge (Abb Seite 49) zusammen, das weiße Quadrat wird dabei mit einbezogen. Die jeweils fertigen Streifen werden untereinandergenäht, bis das Innenteil der Decken-Oberseite komplett ist.
Drei Streifen fassen wie ein Rahmen das Patchworkmuster ein: ein roter, ein gestreifter mit weißen, eingesetzten Ecken und ein grüner. Da die Stoffbreite für die Längsseiten nicht ausreicht, setzen Sie die Streifen zunächst in großzügiger Länge zusammen, und erst nach dem Annähen schneiden Sie sie auf exakte Länge. Nähen Sie zuerst den roten, dann den gestreiften, der vorher an den Enden mit weißen Quadraten verlängert wird, und zum Schluß den grünen Streifen an.
An dem weißen Rückseitenstoff ist die Reihenfolge der Randstreifen rot, geblümt mit weißen Ecken und grün.
Die Vlieswattierung schneiden Sie auf 207 cm Länge und setzen seitlich einen 17 cm breiten Streifen mit Zickzackstichen an, um auf die erforderliche Breite zu kommen. Legen Sie die Wattierung zwischen die Patchwork-Oberseite und die Rückseite und stecken oder heften Sie die drei Lagen zusammen.
Zeichnen Sie das Quiltmuster, wie in dem Foto auf Seite 48 zu sehen, auf die weißen Flächen und steppen Sie es durch alle drei Stofflagen nach. Um die große Decke beim Quilten besser handhaben zu können, rollen Sie den rechts der Nähmaschinennadel liegenden Teil ein. Zum Schluß steppen Sie die drei Lagen rundum knapp am Rand zusammen.

Für die Kanteneinfassung schneiden Sie sechs Streifen von 5 cm Breite aus dem grünen Stoff zu und nähen die Teile zu einem langen Streifen zusammen. Nähen Sie diesen erst von der Rückseite an die Deckenkante, dann steppen Sie ihn mit eingekippter Kante auf die Oberseite.

Bestecktasche

Zur prachtvollen Picknickdecke können Sie eine passende Bestecktasche nähen. Sie nimmt Messer, Gabeln, Löffel und Servierbesteck nicht nur für ein Picknick sicher und sauber auf, auch zu Hause ist sie praktisch: Silberbesteck läuft nicht so schnell an, wenn es darin aufbewahrt wird.
Die unten abgebildete Tasche besteht aus einer wattierten, weiß-roten Unterseite, auf die ein grün-roter Stoffstreifen genäht ist, der wiederum in 4 und 6 cm große Fächer unterteilt wird. Zusammengerollt und zugebunden kann sie problemlos transportiert werden, selbst schwere Messer fallen dann nicht heraus. Die 30 x 74 cm große Tasche ist ausreichend für Besteck und Zubehör für vier Personen.

Material

- Baumwollstoff-Reste:
  30 x 74 cm in Weiß
  30 x 74 cm in Rot
  17 x 74 cm in Rot
  16 x 74 cm in Grün
  240 x 4 cm in Grün
- 30 x 74 cm Volumenvlies 280
- Nähgarn

Arbeitsablauf

▷ Wattierung zwischen die Stofflagen stecken
▷ 75 cm langes, grünes Band nähen
▷ Roten Streifen gegen grünen nähen
▷ Stege nähen
▷ Tasche mit grünem Band einfassen

Stecken Sie die Wattierung zwischen den roten Außenstoff und das weiße Innenteil. Von dem 4 cm breiten grünen Streifen schneiden Sie 75 cm für ein Band ab und nähen es auf 1 cm Breite. Steppen Sie es mittig auf die rote Vorderseite, so daß 25 cm zum Zubinden bleiben. Beginnen Sie mit dem Aufsteppen des Bandes erst 3 cm von der linken Seite entfernt.
Nun verstürzen Sie den roten Stoff des Einschubteils mit dem grünen, bügeln die Naht zum roten Stoff hin, schlagen ihn über die Nahtzugabe nach hinten und steppen die Kante. Stecken Sie dieses Einschubteil auf die untere Kante der Grundplatte.
Teilen Sie den Streifen in „Taschen“ von 4 cm Breite ein (insgesamt 14), für die drei letzten Einschubfächer, die das Servierbesteck aufnehmen sollen, sehen Sie 6 cm Breite vor. Beginnen Sie mit dem Feststeppen immer an der oberen roten Kante, am besten mit engem Zickzackstich. Nach 1 cm nähen Sie im Geradstich weiter bis an die untere Kante. Fassen Sie die Tasche rundum mit dem grünen Band ein. Steppen Sie es erst auf die rote Vorderseite, dann mit eingeschlagener Kante auf die Rückseite.

Naturfarbene Leinendecke mit weißer Mitteldecke

Leinen, einmal grob und einmal fein – dieser Gegensatz macht den Reiz des ansonsten dezenten Tischdecken-Ensembles aus. Die bodenlange runde Unterdecke aus grobem naturfarbenem Leinen erhält durch einen Formstreifen mit Einzugskordel nicht nur einen attraktiven Abschluß, sondern auch einen schönen, schweren Fall. Bei der quadratischen Mitteldecke sind die breiten, parallel zum angesetzten Saum eingenähten Falten das dekorative Element.

Die Unterdecke hat einen Durchmesser von 267 cm, die Mitteldecke ist 176 x 176 cm groß.

Material
- 650 cm Naturleinen, 150 cm breit
- 240 cm Leinen-Mousseline, 180 cm breit
- 8,50 m Einzugskordel, 1 cm Ø
- Nähgarn

Arbeitsablauf
▷ Zuschneiden
▷ Unterdecke: Einzugskordel einnähen und Formstreifen annähen, säumen
▷ Mitteldecke: Falten einnähen, angesetzten Rand von 7 cm Breite gegennähen

Legen Sie das naturfarbene Leinen doppelt und schneiden Sie die Unterdecke zu, plus einen 15 cm breiten Formstreifen als Saum, wie auf den Seiten 20/21 beschrieben, sowie einen 6 cm breiten Formstreifen für die Einzugskordel. Setzen Sie beide Deckenhälften mit einer Kappnaht aneinander. Versehen Sie den 6 cm breiten Formstreifen mit der Einzugskordel und nähen Sie ihn zusammengeklappt mit beiden Längskanten an die Kante der Decke. Nähen Sie nun den 15 cm breiten Saumstreifen rechts auf rechts ebenfalls an die jetzt dreifach liegende Kante. Wenden Sie ihn nach sorgfältigem Bügeln nach links und steppen Sie ihn mit 1 cm Einschlag fest.
Für die Mitteldecke werden aus dem Leinen-Mousseline ein Quadrat von 174 x 174 cm und vier Streifen von 16 x 180 cm Größe zugeschnitten. Versäubern Sie die Schnittkanten des Quadrats und nähen Sie auf jeder Seite in 11 cm Abstand zur Schnittkante eine 5 cm breite Falte. Bügeln Sie die Falten zu den Saumkanten hin. Nähen Sie die Streifen von links auf die Kanten, lassen Sie dabei jeweils 8 cm für die Eckbildung überstehen. Schließen Sie die Ecken, wie in den Fotos auf Seite 15 gezeigt. Steppen Sie zum Schluß den Streifen mit eingeschlagener Kante auf die rechte Stoffseite.

Blaue Decke mit bunt gesticktem Dreieck

„Pinselstriche“ in klaren Buntstiftfarben bilden ein großes Dreieck in der Deckenmitte. Ergänzt mit passendem Geschirr und Zubehör, sorgt diese leuchtend blaue Decke mit Sicherheit für eine anregende Atmosphäre bei einem unkomplizierten Essen mit lieben Freunden.
Die Stickerei kann auch mit einer ganz einfachen Nähmaschine ausgeführt werden, denn die angedeuteten Pinselstriche lassen sich allein durch Vorwärts- und Rückwärtsnähen im Geradstich „auftragen“.
Die gezeigte runde Decke hat einen Durchmesser von 260 cm.

Material
- 300 cm Baumwollstoff, 280 cm breit
- Nähgarn
- Maschinenstickgarn in kräftigem Gelb, Rot und Grün
- 60 cm Stickvlies

Arbeitsablauf

▷ Zuschneiden
▷ Säumen
▷ Position der Stickerei markieren
▷ Stickvlies unterlegen
▷ Sticken

Schneiden Sie die Decke zu, wie auf Seite 20 beschrieben, und säumen Sie die Kante 10 cm breit.
Legen Sie von der Deckenmitte aus die Position für die Stickerei fest, die aus drei 5 cm breiten und etwa 50 cm langen, zu einem Dreieck verbundenen Streifen besteht.
Es ist notwendig, die Stickfläche mit doppeltem Stickvlies zu unterlegen, da die engen, dicht beieinanderliegenden Geradstiche den Stoff sonst zu stark zusammenziehen würden.
Füllen Sie die aufgezeichneten dicken Streifen mit vorwärts und rückwärts gesteppten, eng nebeneinanderliegenden Geradstichen, jeden in nur einer der drei angegebenen Farben.

Decke mit Schrägbandbordüre

Bei dieser runden Decke ist es die Saumkante, die ins Auge springt. Sie ist einfach zu nähen, doch durch den schönen Karostoff und die sorgfältige Farbauswahl bei den Bändern ausgesprochen wirkungsvoll. Die zarten Farben des Karos kehren in den Bändern und in den sie verbindenden Raupennähten wieder.
Die Bordüre ist nicht nur sehr dekorativ, sie beschwert zugleich den Deckensaum und sorgt für einen schönen Fall.
Die fertige Decke hat einen Durchmesser von 260 cm. Sie ist aus einem entsprechend breit liegenden Stoff in einem Stück zugeschnitten.

Material
- 260 cm Stoff, 260 cm breit
- je 8,20 m Schrägband in 6 Farben, gefalzte Breite 2 cm
- Maschinenstickgarn in 6 Farben

Arbeitsablauf
▷ Zuschneiden
▷ Saumkante mit erstem Schrägband von links einfassen
▷ Schrägbänder nacheinander aufsteppen
▷ Stoßkanten übersticken

Schneiden Sie die Decke aus einem Stück zu, wie auf Seite 20 beschrieben. Die Bordüre wird von außen nach innen gearbeitet. Der erste Schritt vor dem Aufnähen der Streifen ist das Einfassen der Deckenkante mit dem ersten Schrägband. Dazu steppen Sie das Band (hier grün) in der Falzkante mit seiner rechten Seite auf die linke Stoffseite der Decke. Kurz bevor Sie die Rundung schließen, schneiden Sie das Band plus Nahtzugabe in der benötigten Länge schräg ab, nähen die Enden aneinander und schließen den Kreis.
Schlagen Sie das Schrägband über die Kante zur rechten Stoffseite, streichen Sie die freie Falzkante auf und stecken Sie sie fest. Steppen Sie nun das nächste Schrägband mit einer Raupennaht im Zickzackstich (Stichlänge 0,3 mm, Stichbreite 2,5 mm) mit eingeschlagener Kante auf die offene Kante des ersten Schrägbands. Probieren Sie aus, ob Sie das Band eventuell zuerst mit einer einfachen Steppnaht fixieren müssen, bevor Sie es übersticken.
Streichen Sie die freie Falzkante auf, legen Sie das nächste Schrägband mit eingeschlagener Kante darüber und übersticken Sie die Bruchkante wieder mit einer Raupennaht. Nähen Sie auf diese Weise alle Bänder nacheinander auf den Deckenrand; beim letzten Schrägband bleibt die obere Kante eingeschlagen und wird ebenfalls überstickt.

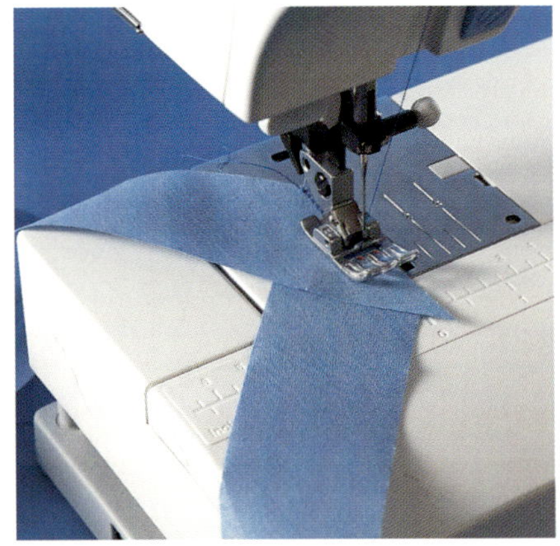

Sind die Schrägbänder für den Deckenumfang nicht lang genug, werden sie zusammengesetzt. Dazu die Enden im Fadenlauf abschneiden und wie im Foto aneinandernähen. So bleibt das Band dehnbar und legt sich gut in die Rundung.

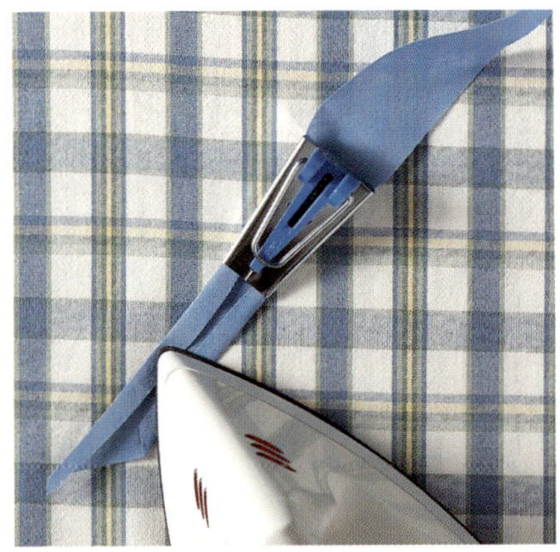

Mit dem Schrägbandformer können bei einem glatten Streifen die Nahtzugaben gleichmäßig umgelegt werden und so das Einbügeln der Falzkanten wesentlich erleichtern. Schrägbandformer gibt es in zwei Größen, für 12 und 25 mm fertige Breite.

Das erste Band wird mit rechts auf die linke Stoffseite genäht und dann zur rechten Stoffseite geschlagen. Die folgenden Bänder werden mit eingeschlagener Kante über die offene Kante des vorigen Bandes gestickt. Beim letzten Band bleibt auch die obere Kante eingeschlagen.

Schleifendecke

Die richtige Atmosphäre für romantische Stunden können Sie mit dieser zart geblümten Decke – und dem passenden Zubehör – herbeizaubern.
Die runde Decke wird mit seidenen Bändern gerafft, die zu großzügigen Schleifen gebunden werden. Sie wirkt besonders schön, wenn Sie auf einer farblich passenden Unterdecke liegt. Zum Waschen und Bügeln läßt sie sich glattziehen, die Bänder werden gegebenenfalls herausgezogen.
Mit einem Durchmesser von 160 cm eignet sich diese Tischdecke für einen runden Tisch mit 80 cm Ø; seitlich hängt sie dann 40 cm herab.

Material
- 210 cm Baumwollstoff, 160 cm breit
- 10 m Schleifenband, 6 cm breit
- Nähgarn
- Fixierstift
- 9 x 42 cm Vliesofix
- Markierstift

Arbeitsablauf
▷ Zuschneiden
▷ Formstreifenstücke aneinandernähen
▷ Decke mit Formstreifen verstürzen
▷ Position der Tunnelzüge markieren
▷ Einzugschlitze (Knopflöcher) nähen
▷ Tunnelzüge nähen
▷ Schleifenband auf richtige Länge schneiden und durchziehen
▷ Schleifenbänder anziehen und binden

Schneiden Sie die Decke in einem Stück zu (s. Zeichnung 2, Seite 20). Die Formstreifen sind hier 10 cm breit. Für die Tunnelzüge schneiden Sie sechs Streifen von 8 x 35 cm zu. Nähen Sie die Formstreifen aneinander, wobei Anfang und Ende offen bleiben, und versäubern Sie die innere Schnittkante. Verstürzen Sie nun die Decke mit dem Formstreifen und passen Sie dessen Länge dabei dem Deckenumfang an. Schlagen Sie den Formstreifen auf die linke Deckenseite, bügeln und fixieren Sie die Nahtkante und den Saum. Steppen Sie auf der rechten Stoffseite knapp neben der Kante eine Naht, in 8 cm Abstand zu dieser die Saumnaht. Legen Sie, mit der linken Seite nach oben, die Decke glatt aus und teilen Sie den Kreis in sechs gleich große Segmente. Zeichnen Sie die Linien für die Position der Tunnelzüge ein, wie auf der Zeichnung unten zu sehen. Nun schneiden Sie aus den Stoffresten sechs 7 x 9 cm große Rechtecke und bügeln Vliesofix (ein beidseitig aufbügelbares Vlies; s. Seite 94) darunter. Dann bügeln sie diese Rechtecke mittig auf die zur Deckenmitte hin liegenden Endpunkte der Linien: So wird der Stoff verstärkt und für das anschließende Einnähen haltbarer Knopflöcher (Durchzugschlitze) vorbereitet. Nähen Sie je zwei 24 mm lange Knopflöcher und schneiden Sie sie ein.
Bügeln Sie die Kanten der Stoffteile für die Tunnelzüge 1 cm breit auf die linke Seite, und steppen Sie den oberen und unteren Einschlag fest. Dann stecken Sie, mit jeweils 2 cm Abstand zur Deckenkante, je einen Tunnelzug mittig auf die eingezeichneten Linien und nähen ihn an den Längskanten auf, wobei die Schmalkanten offen bleiben. Mit einer weiteren Längsnaht in der Mitte wird der Tunnelzug in zwei Fächer geteilt.
Schneiden Sie das Schleifenband in sechs Bänder à 160 cm Länge und ziehen Sie diese jeweils so durch die beiden Fächer des Tunnelzugs, daß die Enden durch die Knopflöcher auf die Vorderseite der Decke gezogen und dort zu einer Schleife gebunden werden können. Beim Binden der Schleife wird der Stoff gleichzeitig gerafft.

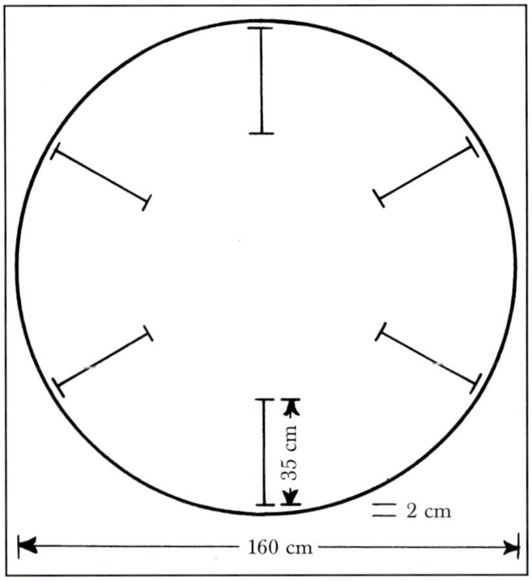

Zeichnen Sie auf die linke Seite der glatt ausgelegten Decke 6 Linien von je 35 cm Länge; sie bezeichnen die genaue Position der Tunnelzüge, die dann von links auf die Decke genäht werden.

Hier sind deutlich alle Details zu erkennen: das untergebügelte Rechteck zur Stoffverstärkung, die beiden Knopflöcher bzw. Durchzugschlitze für das Schleifenband und der aufgenähte, in der Mitte nochmals geteilte Tunnelzug.

Tischdecke mit Schmetterlingen

In zarten Farben schillernde Schmetterlinge flattern über einen weißen, feingewebten Leinen-Mousseline. Liegt die leicht durchscheinende Decke auf einer farbigen Unterdecke – hier ist es eine hellgelbe – kommen sie besonders gut zur Geltung.
Das verwendete Schmetterlings-Motiv finden Sie auf der Stickmusterkassette No. 2 der *Singer Professional XL 100.* Es wird automatisch gestickt, doch muß während des Stickvorgangs fünfmal die Garnfarbe gewechselt werden. Vielleicht finden Sie auf Ihrer Nähmaschine ein ähnlich attraktives Motiv.
Die fertige runde Decke und die Unterdecke haben 256 cm Durchmesser.

Material
- 265 cm Mousseline, 280 cm breit
- 265 cm Baumwollstoff, 280 cm breit, als Unterdecke
- 8 m Bandlitze, 5 mm breit
- Nähgarn
- Maschinenstickgarn (Hochglanz-, Rayon-, Metallicgarn) in möglichst vielen Farbtönen
- Markier- und Fixierstift

Arbeitsablauf

▷ Zuschneiden der Ober- und Unterdecke
▷ Säumen
▷ Position der Motive markieren
▷ Sticken

Schneiden Sie die beiden Decken mit 258 cm Ø und 5 cm breiten Formstreifen zu, wie auf Seite 20 beschrieben. Nähen Sie die Formstreifen-Stücke für jede Decke zusammen und versäubern Sie die inneren Schnittkanten.
Bei der Unterdecke nähen Sie den Formstreifen rechts auf rechts an die Schnittkante, schlagen ihn nach sorgfältigem Bügeln zur linken Seite um und nähen ihn in 5 cm Abstand zur Außenkante fest.
Bei der Mousseline-Decke nähen Sie den Saumstreifen mit rechts auf die linke Stoffseite, bügeln und schlagen ihn dann zur rechten Stoffseite um. Fixieren Sie ihn mit dem Stift an der versäuberten Schnittkante und überdecken Sie diese mit Bandlitze; sie hat den Vorteil, daß sie sich gut in die Rundung legen läßt. Zum Aufnähen der Bandlitze können Sie entweder einen Fagottstich oder einen Zickzackstich mit Zwischenstich wählen.
Markieren Sie die genaue Position der Schmetterlinge auf der Mouseline-Decke (s. Zeichnung oben). Lassen Sie sie in verschiedene Richtungen „fliegen". Variieren Sie beim Sticken die Garnfarben sowie die glänzenden und metallischen Flächen, dann wird jeder Schmetterling anders.
Die Decke können Sie mit passenden Mousseline-Servietten ergänzen, wie im Bild unten eine zu sehen ist. Bei 50 x 50 cm Größe haben sie einen 4 cm breiten Saum, der ebenfalls mit Bandlitze übernäht ist. In jeweils eine Ecke ist ein Schmetterling gestickt.

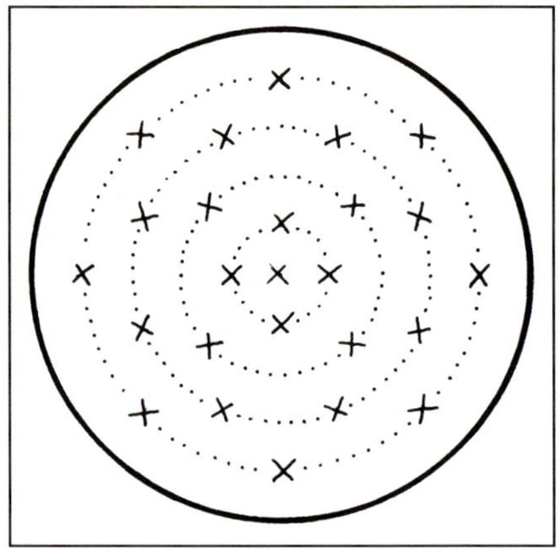

Nach diesem Schema ist die Fläche aufgeteilt: Die Mitte wird mit dichter plazierten Schmetterlingen betont, zwischen den Eßplätzen „fliegt" jeweils nur einer. Teilen Sie Ihre Decke entsprechend der vorhandenen Tischgröße ähnlich auf.

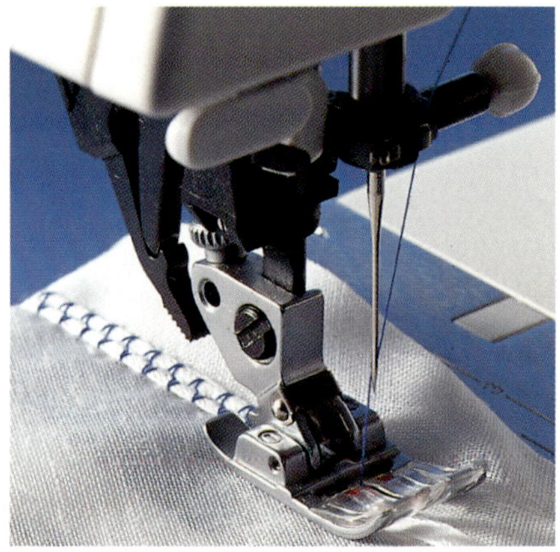

Die Bandlitze nähen Sie mit Fagott- oder Zickzackstichen über die versäuberte Schnittkante des Formstreifens. Dadurch wird die Saumkante nicht nur sauber abgedeckt, sondern auch hübsch gestaltet.

Nach dem Einspannen des Stoffs in den Stickrahmen übernimmt der Automat das Sticken. Wechseln Sie während des Stickvorgangs die Garnfarben, wobei Sie auch stark glänzende und Metallicgarne einsetzen sollten.

„Paris mon amour“

„Lichter der Großstadt“ könnte man diese außergewöhnliche Tischdecken-Kreation auch nennen – denn es muß ja nicht Paris sein, dessen berühmteste Bauwerke auf diese Weise verewigt werden; „Ihre“ Lieblingsmetropole können Sie genauso wirkungsvoll illuminieren. Der beeindruckende Lichtereffekt ist ganz einfach zu bewerkstelligen, indem Sie, je nach Plattengröße, zwei oder drei Weihnachtsbaumketten unter dem Tisch arrangieren. Allerdings: Ein Glastisch ist Voraussetzung!

Bei der gezeigten runden Tischdecke werden die Applikationen, die die bekanntesten Pariser Bauwerke in abstrahierter Form darstellen, auf die innenliegende Saumnaht des Formstreifens rund um die Decke aufgenäht und -gestickt. Das Aufnähen der Applikationen sowie die „architektonischen“ Details innerhalb der einzelnen Motive wurden nur mit Gerad- und Zickzackstichen ausgeführt, was auch mit einer einfachen Maschine zu bewältigen ist.

Besitzen Sie eine programmierbare Nähmaschine, empfiehlt es sich, oft wiederkehrende Motive – hier z. B. die Straßenlaternen – im Computer zu programmieren, zu speichern und dann immer wieder abzusticken.

Die Tischdecke hat einen Durchmesser von 220 cm. Mousseline oder Batist in dieser Breite finden Sie eventuell in der Gardinenabteilung eines Deko-Geschäfts. Falls nicht, müssen Sie zwei Halbkreise mit einer Mittelnaht oder drei Teile mit zwei seitlichen Nähten verbinden (s. Seite 21) und entsprechend mehr Stoff kaufen. Auf jeden Fall muß die Decke bis zum Boden reichen, damit die Lichterketten nicht zu sehen sind.

Die Anleitung für die Applikationen, die übrigens aus demselben Stoff sind wie die Decke, und für die Stickereien werden hier nicht bis ins letzte Detail ausgeführt; am einfachsten ist es, Sie schauen sich die Vorlagenzeichnungen genau an. Sie zeigen die Motive in 50 % Verkleinerung; nur die Laternen sind größer abgebildet.

Material

- 300 cm weißer Mousseline, 220 cm breit
- Weißes Nähgarn
- Markierstift
- Maschinenstickgarn in Weiß
- Stickrahmen
- Vliesofix

Arbeitsablauf

▷ Decke und Formstreifen zuschneiden
▷ Formstreifen-Teile aneinandernähen
▷ Decke mit Formstreifen verstürzen, Saum fertigstellen
▷ Gestickte Motive aufzeichnen
▷ Position der Applikationen auf der Decke festlegen
▷ Applikationen anfertigen
▷ Sticken

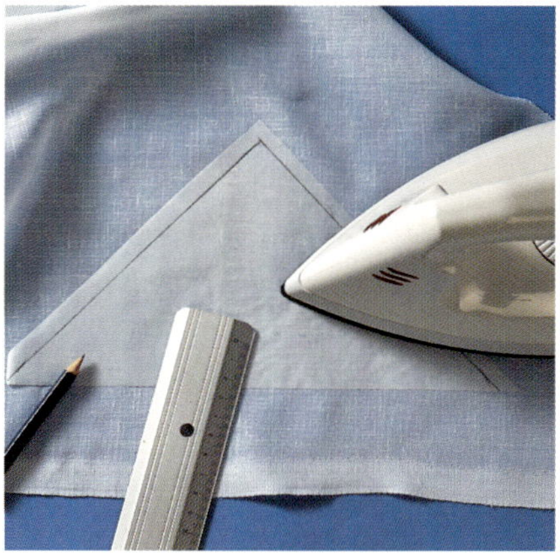

Mit Vliesofix ist das Applizieren leicht: Das Motiv wird seitenverkehrt auf die Papierseite des Vlieses gezeichnet, grob ausgeschnitten und auf den Applikationsstoff gebügelt.

Nach dem Erkalten schneiden Sie das Motiv exakt aus und ziehen das Papier ab. Dann bügeln Sie das Motiv an der vorgesehenen Stelle auf die Decke.

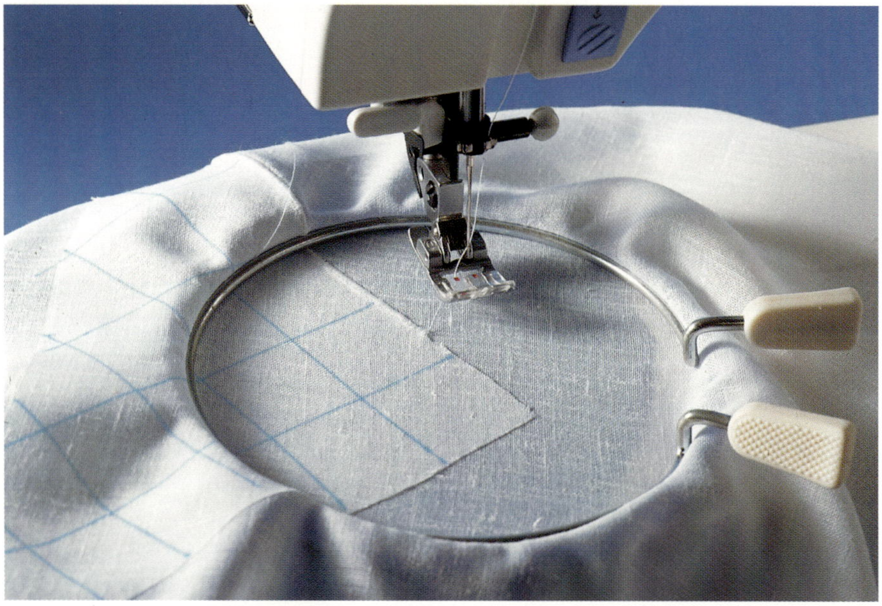

Anschließend werden die Kanten der Applikation mit einer Raupennaht überstickt. Damit sich der Stoff beim Sticken nicht zusammenziehen kann, sollten Sie ihn unbedingt in einen Stickrahmen spannen, der zudem das genaue Führen der Arbeit unter der Maschine erleichtert. Die Kunststoffrahmen sind so flach, daß sie problemlos unter dem Nähfuß hindurchgeschoben werden können.

Sacre Coeur

Arc de Triomphe

Place de la Concorde
(Brunnen)

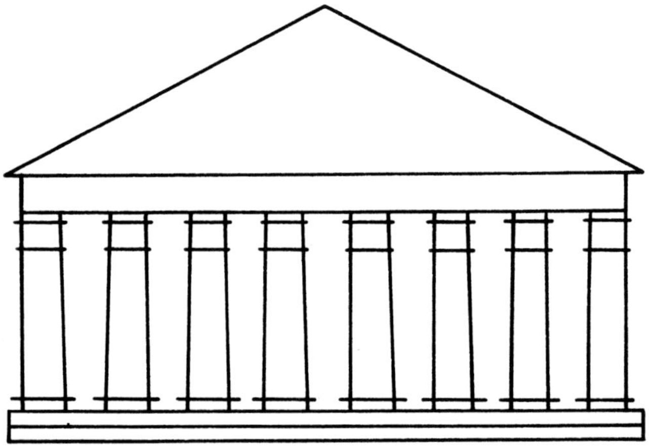

Madeleine/Assemblée Nationale

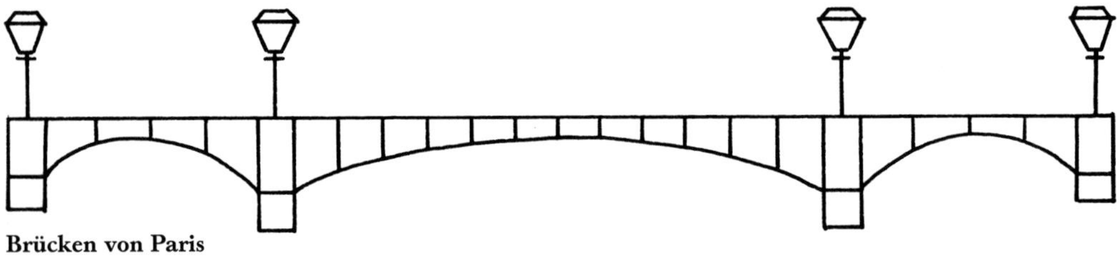

Brücken von Paris

Die Motive sind in 50 % Verkleinerung abgebildet. Mit Hilfe eines Fotokopierers können Sie die Vorlagen entsprechend vergrößern.

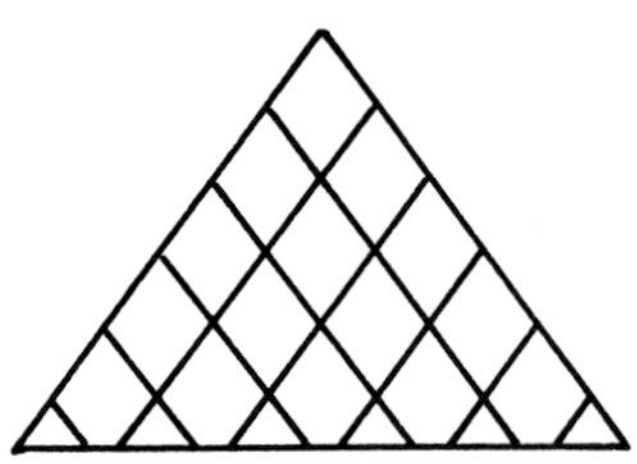

Pyramiden des Louvre

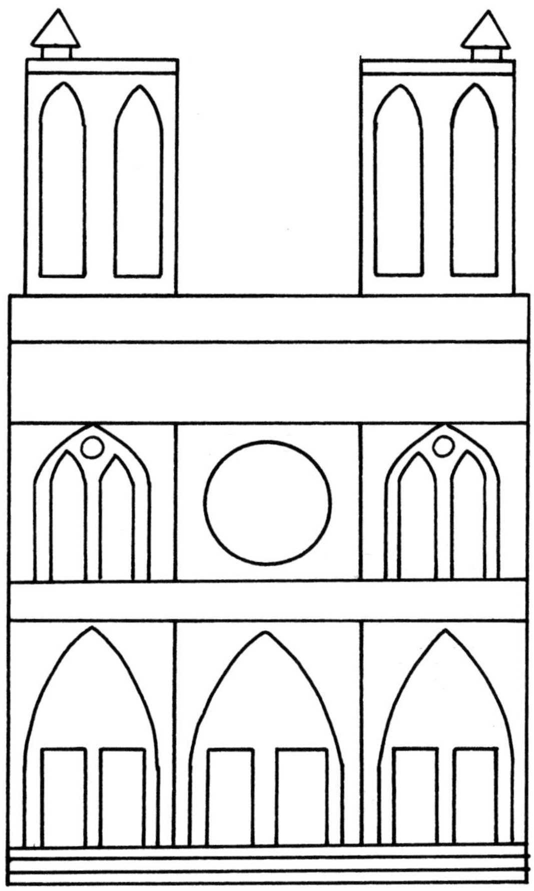

Notre Dame

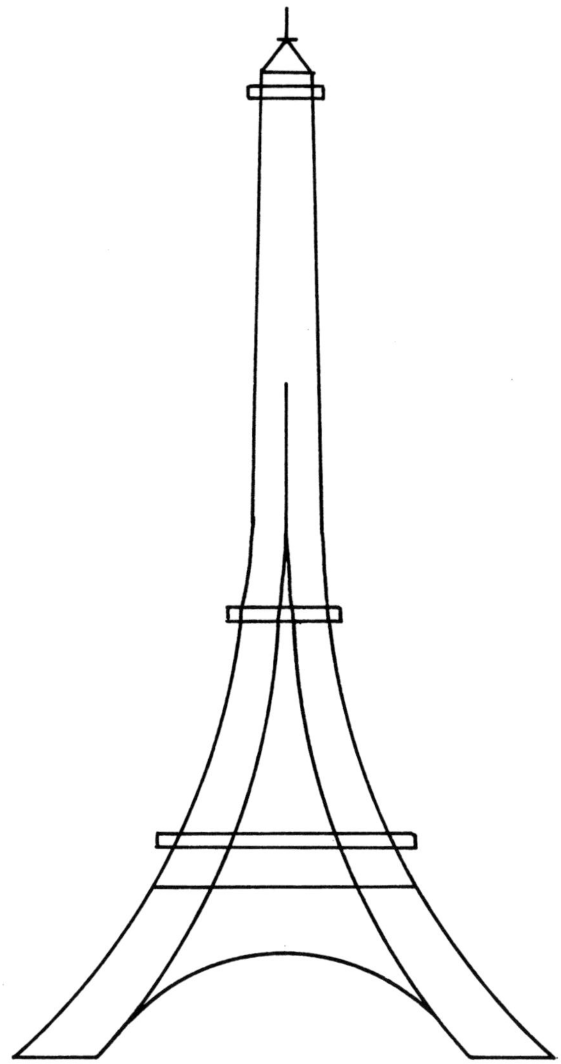

Eiffelturm

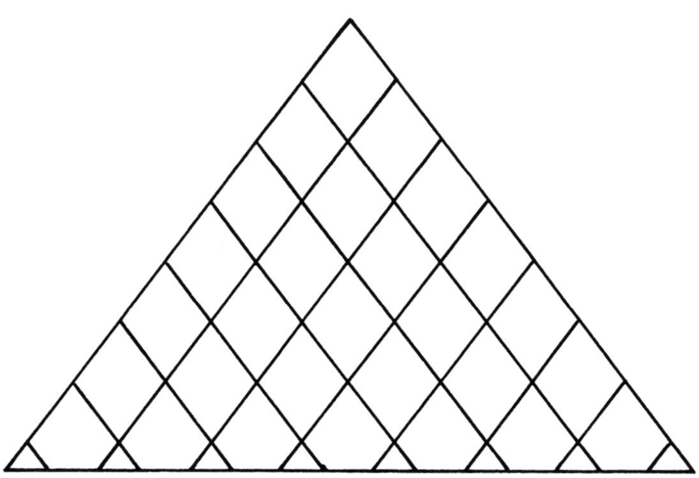

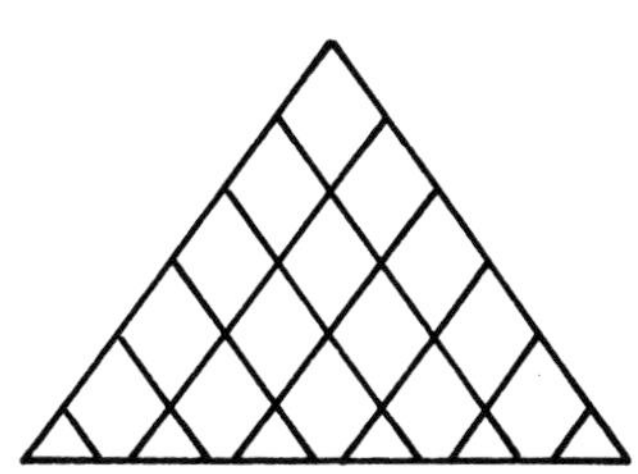

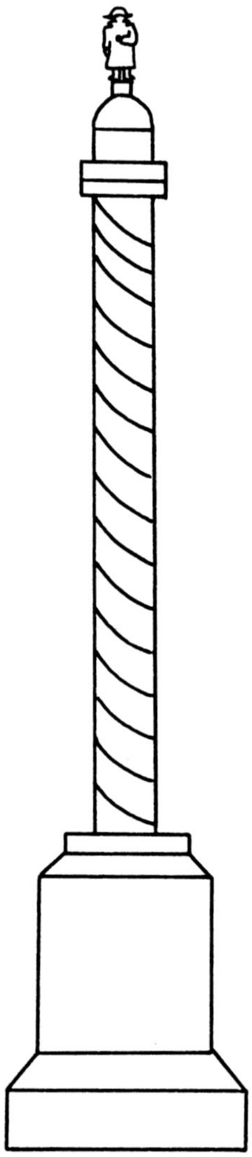

Place Vendome

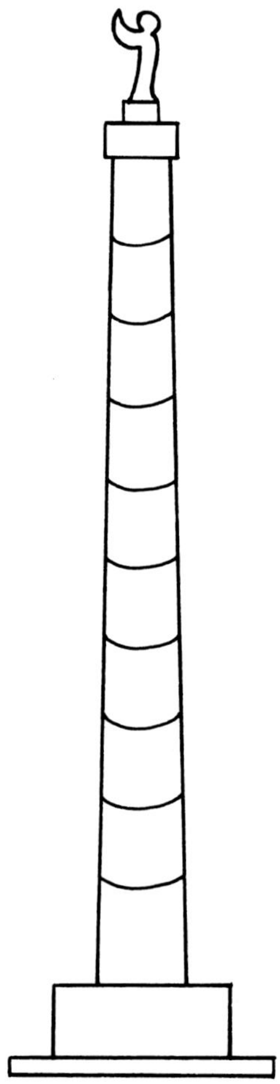

Bastille

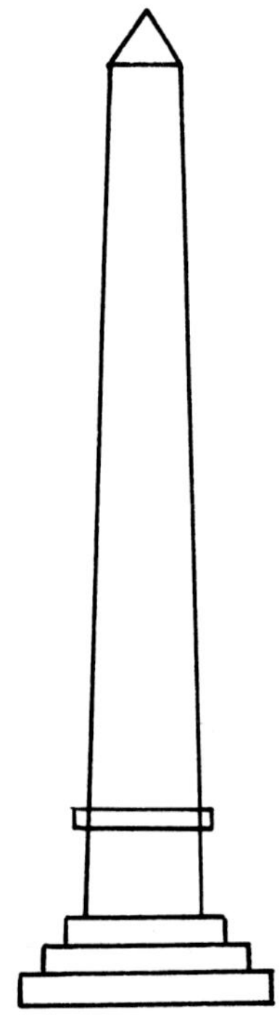

Place de la Concorde (Obelisk)

Ile St. Louis

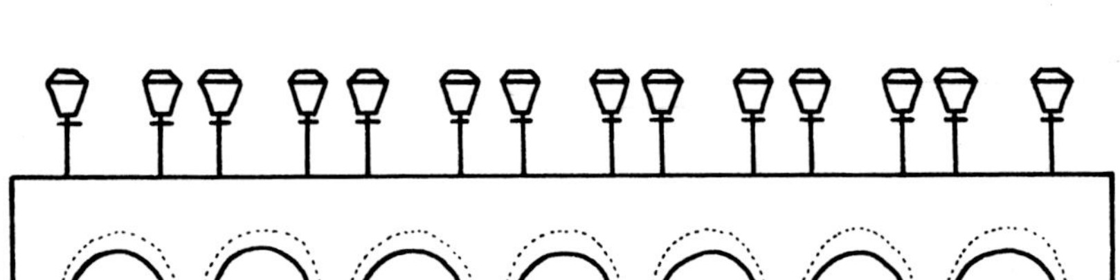

Pont Neuf

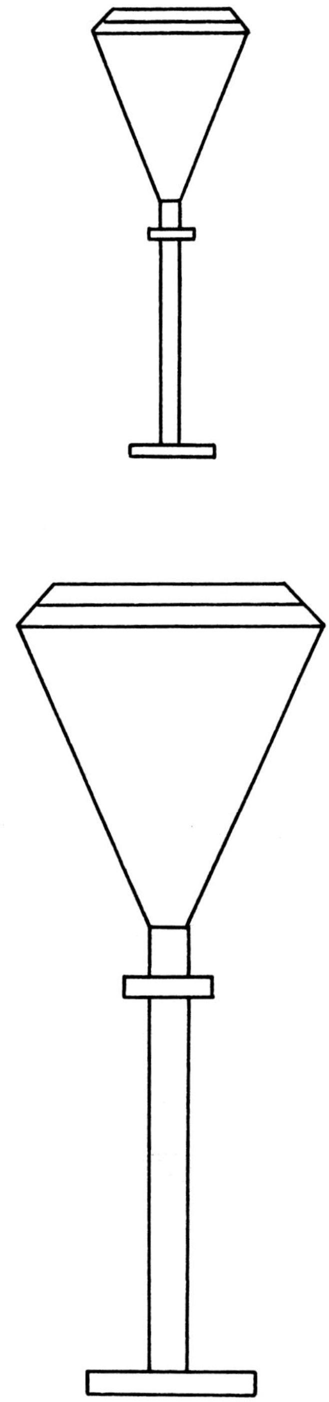

Die Laternen sind hier stark vergrößert (240 %) abgebildet. Falls Sie eine Nähmaschine mit Zeichenprogramm besitzen, können Sie sie im Computer zeichnen, speichern und dann beliebig oft sticken.

Schneiden Sie die Decke je nach vorhandener Stoffbreite nach einem der Schnittschemen auf den Seiten 20/21 zu. Die Formstreifen sind 25 cm breit. Nähen Sie diese Teile aneinander und verstürzen Sie dann die Decke mit dem Formstreifen. Bügeln Sie Naht und Kante aus und steppen Sie die Innenkante des Saums mit 1 cm Einschlag fest. Setzen Sie in 3 mm Abstand eine zweite Steppnaht.
Sollte sich der Formstreifen dehnen, nähen Sie vor dem Feststeppen 1 cm vor der innenliegenden Schnittkante eine Stütznaht und ziehen die Fäden an, bis der richtige Umfang erreicht ist (s. Abb. Seite 14).
Zeichnen Sie mit dem Markierstift die Umrisse der einzelnen Motive an der inneren Saumkante beginnend auf, so daß ihre Position feststeht. Richten Sie alle Formen zum Mittelpunkt der Decke hin aus. Zwischen den einzelnen Bauwerken sind Baumgruppen, Laternen oder Brückenbögen angeordnet. Die Motive sind zum Teil appliziert, teilweise nur aufgestickt. Die Applikationen werden mit Hilfe von Vliesofix, einem beidseitig klebenden Vlies, angefertigt (s. Arbeitsfotos auf Seite 60). Dazu zeichnen Sie das Motiv seitenverkehrt auf die Papierseite des Vliesofix, schneiden es grob aus und bügeln es dann auf die linke Seite des Applikationsstoffs. Nach dem Erkalten schneiden Sie es exakt aus, ziehen das Papier ab und bügeln das Motiv an der vorgesehenen Stelle auf die Decke. Es wird mit Zickzackstichen appliziert und dann mit den gestickten Details vervollständigt. Sowohl das Applizieren wie auch das Sticken werden fast ausschließlich mit Raupennähten im Zickzackstich (Stichlänge 0,3 mm, Stichbreite 2 oder 3 mm) gearbeitet, hier und da ergänzt durch feine Linien im Geradstich. Nehmen Sie auf jeden Fall einen Stickrahmen zu Hilfe.
Die Bäume und Laternen sind nur aufgestickt. Bei den Bäumen beginnen Sie mit dem Stamm direkt an der Saumkante und setzen dann die Krone mit 2 cm Durchmesser darauf.
Die große Laterne ist 4,5 cm hoch: Die Raupennaht beginnt mit dem Sockel in 4 mm Stichbreite; nach ein paar Zwischenstichen mit Stichbreite 2,5 mm sitzt darauf der 2,5 cm hohe Pfahl (Stichbreite 2,5 mm). Das 2 cm hohe Glas und die Haube sind im Geradstich gestickt. Die kleine Laterne, 2,5 cm hoch, besteht nur aus Geradstichen: Eine Linie begrenzt den Pfahl rechts und links, eine Schräge das Glas, drei schmaler werdende Linien bilden die Haube und eine weitere Schräge führt zum Pfahl, der mit einer zweiten Linie verstärkt wird.
Eiffelturm: 40 cm hoch und unten 20 cm breit. Er ist ohne Applikation direkt auf den Stoff gestickt.
Sacre Coeur: Steht 5 cm über der Saumkante, der „Hügel" ist mit Bäumen bestickt. Die Kirche, 10 cm breit und 12,5 cm hoch, wird appliziert.
Ile St. Louis: Drei applizierte Brückenbögen führen zur Insel in der Seine. Für die Brückenbögen – insgesamt 9 cm lang – ist es am einfachsten, einen in der Maschine gespeicherten Festonbogen abzuwandeln und auf Stichlänge 0,3 mm, Stichbreite 2 mm und Musterlänge 2,5 mm einzustellen. Auf der Brücke stehen drei Paar kleine Laternen. Die Insel ist 13 cm breit, im unteren Teil 4 cm hoch appliziert, die Silhouette darüber (bis 9 cm hoch) ist nur gestickt.
Pont Neuf: 21 cm lang und bis zu 2,5 cm hoch. Die untere Begrenzung der Applikation besteht aus Festonbögen, die Laternen sind gestickt.
Assemblée Nationale: Die Applikation ist 15,5 x 11 cm groß, die Säulen sind aufgestickt.
Place de la Concorde: Der **Brunnen** in 5 x 2,5 cm Größe ist appliziert. Das sprühende Wasser ist im Geradstich gestickt. Der **Obelisk** ist 18 cm hoch und unten 2 cm breit. Seine 4,5 cm breite Basis wird von zwei großen Laternen eingerahmt.
Madeleine: Gleicht der Assemblée Nationale (daher nur eine Vorlage). Sie ist 16 cm breit und 11 cm hoch.
Place Vendome: Das Denkmal ist 24 cm hoch, sein Sockel 6 cm breit. Eine Büste Napoleons, in Zickzackstichen angedeutet, krönt die Säule.
Notre Dame: Die Applikation ist 13 cm breit und 23 cm hoch. Die gotischen Bögen, die Waagerechten und Senkrechten sind mit Raupennähten, Türen, Rosette und Fensterbögen im Geradstich gearbeitet.
Bastille: Das Denkmal ist 27 cm hoch. Die Sockelstufen werden durch Raupennähte gebildet, die Bögen in der Säule sind im Geradstich gestickt.
Pyramiden des Louvre: Sie haben eine Gesamtbreite von 43 cm. Die kleinen Pyramiden sind 9 x 5 cm groß, die große mißt 20 x 22 cm. Sie werden mit Raupennähten gestickt.
Arc de Triomphe: Diese Applikation ist 13 x 12 cm groß.
Brücken von Paris: Diese – nur eine von vielen Brücken in Paris – ist 28 cm lang und mit Raupennähten gestickt. Sie besteht aus zwei kleinen Bögen à 7 cm und einem 14 cm großen Mittelbogen. Auf jedem Pfeiler steht eine kleine Laterne.

Der besondere Tip

Liegt auch in Ihrem Wäscheschrank noch so eine schöne, weiße, große Damasttischdecke aus Großmutters Aussteuertruhe? Möglicherweise mit den dazu passenden Servietten in der früher üblichen Übergröße?
Das große alte Tafeltuch mit dem fein eingewebten Muster ist zwar einerseits ausgesprochen schön, doch gibt es in der Regel heutzutage nicht allzu viele Anlässe, bei denen es so festlich zugeht, daß es zu gebührenden Ehren kommt.
Schade drum – denn vom Liegen im Schrank wird es auch nicht besser. Was uns aber daran hindert, es öfter zu benutzen, ist in erster Linie das „festliche“ Weiß. Doch dem kann abgeholfen werden!
Bei den heute zur Verfügung stehenden, qualitativ hochwertigen Stofffarben ist es überhaupt kein Problem, die alte Damasttischwäsche einzufärben. Sie glauben gar nicht, wie gut das aussehen kann. Und vor allem, wie ganz anders die Decke in einer kräftigen Farbe wirkt; so paßt sie auch perfekt zu einer zeitgemäßen Wohnungseinrichtung. Die Farbe läßt sie aber nicht nur frisch und modern wirken, sie bringt auch das Damastmuster erst voll zur Geltung.
Zum Einfärben steht eine große Palette schöner Farbtöne zur Verfügung. Wenn Sie sich genau an die Vorschriften des Herstellers halten, vor allem

das Fixieren und anschließende Nachwaschen sorgfältig ausführen, können Sie sicher sein, daß die Farbe „echt“ ist und auch nach vielen Wäschen nicht verblaßt.
Haben Sie ein großes Tafeltuch mit Servietten oder mehrere kleinere Stücke, ist es am einfachsten, den Färbevorgang in die Waschmaschine zu verlegen – in jedem Fall die einfachste und unkomplizierteste Methode.
Neben dem Einfärben gibt es noch eine weitere Möglichkeit, die weiße Tischwäsche wirkungsvoll „aufzupeppen“: das Bemalen. Stoffmalfarben gibt es in vielen Farbtönen, die untereinander noch gemischt werden können. Auch diese Farben können dauerhaft fixiert werden.
Beim Bemalen sind Ihrer Phantasie natürlich keine Grenzen gesetzt. Sie können die Decke mit einer über den Rand laufenden Blumenbordüre versehen, die ganze Fläche mit einem Muster bedecken, sie grafisch aufteilen (und dabei z. B. die Eßplätze aussparen) oder nur einige wenige Motive in den Ecken oder in der Deckenmitte plazieren. Sie können die Bemalung in nur einer Farbe ausführen oder kräftig bunt gestalten.
Die unten links im Bild liegende Tischdecke wurde, von der Mitte ausgehend, in die vier Ecken hinein mit jeweils einer Blumenranke bemalt.
Wenn Sie glauben, daß Ihr zeichnerisches Talent nicht ausreicht, müssen Sie keineswegs auf das Bemalen verzichten: Mit Schablonen, die Sie entweder nach einer Vorlage aus Pappe selbst anfertigen oder aber fertig kaufen, gelingt auch Ihnen die kunstvolle Gestaltung von Großmutters Wäscheschätzen!

Bügeln Sie die obere Schnittkante des Volantstreifens 3 cm breit um und decken Sie davon 1 cm mit dem Gardinenband ab. Steppen Sie das Band in den vorgegebenen Linien auf.

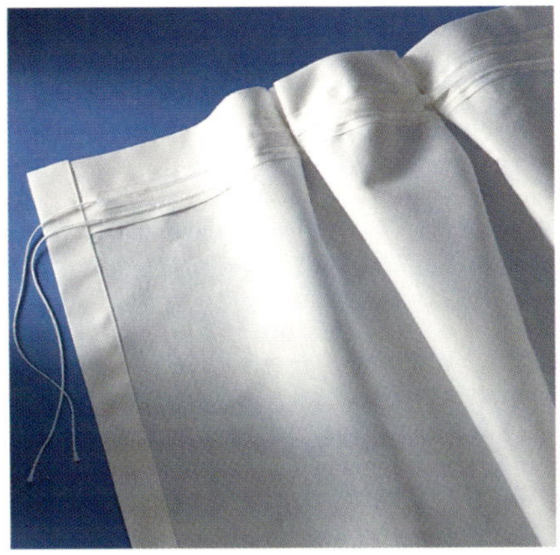

Die Schmalseiten des Volants werden 3 cm breit gesäumt, wobei die Enden des Gardinenbands mitgefaßt werden; vorher muß jedoch der Kräuselfaden etwa 7 cm weit herausgezogen werden.

Der gekräuselte Volant wird mit Schwesternnadeln in Tischkantenhöhe rundherum an das Mitteltuch gesteckt. Weiße Glasköpfe an den Nadeln sorgen dafür, daß diese unsichtbar bleiben.

Großes Buffet

Für eine festliche Tafel oder ein großes Buffet müssen Sie nicht unbedingt ein in der Größe passendes Tischtuch beschaffen: Viel einfacher ist es, ein glattes Tuch auf die Platte zu legen und an den Kanten einen herabfallenden Volant anzubringen.
Eine Tischtennisplatte, die man vielleicht auch ausleihen kann, ist für solche Anlässe sehr praktisch. Andernfalls leistet eine große Holzplatte, auf zwei stabilen Böcken aufgelegt, gute Dienste.
Ist die Platte dunkel, decken Sie sie erst mit einem alten Leintuch oder mit Papiertischtüchern von der Rolle ab, bevor Sie das (eventuell auch zusammengenähte) große Tuch darüberlegen; es sollte gerade eben über die Kanten hängen. Stecken Sie nun rundherum an den Kanten einen mit Gardinenband eingekräuselten Volant an dieses Tuch.
Wenn Sie diese Vorrichtung häufiger benutzen, rentiert sich ein in regelmäßigen Abständen an Tuch und Volant angenähter Klettverschluß.
Die folgende Materialliste und die Arbeitsanleitung sind für eine Tischtennisplatte von 153 x 275 cm Größe gedacht.

Material
- 12,50 m Baumwollstoff, 150 cm breit
- 20 m Gardinenband
- Nähgarn
- Schwesternnadeln

Arbeitsablauf
▷ Zuschneiden
▷ Mittelteil zusammennähen, säumen
▷ Gardinenband an den Volant nähen, Schmalseiten säumen
▷ Volant einkräuseln
▷ Anstecken

Das Mitteltuch soll an jeder Seite gut 10 cm über die Kante hängen, also benötigen Sie ca. 175 x 300 cm Stoff.
Bei sehr großen Tischen, wie hier, ist es ratsam, den Volant in zwei Teilen zu arbeiten: Addieren Sie die Maße einer Längs- und einer Querseite und multiplizieren Sie das Ergebnis mit 2, da der Volant ungefähr im Verhältnis 2:1 gekräuselt werden soll.
Eine Volanthälfte kommt also auf eine Länge von rund 9 m. Bei einer Tischhöhe von 75 cm können Sie einen 150 cm breiten Stoff der Länge nach halbieren.
Schneiden Sie für das Mitteltuch zwei Bahnen à 175 cm zu und nähen Sie sie so zusammen, daß ein 175 x 300 cm großes Stück entsteht. Säumen Sie die Schnittkanten. Halbieren Sie die restlichen 9 m Stoff der Länge nach, erhalten Sie zwei 9 m lange und 75 cm breite Teile für den Volant. Bügeln Sie die Schnittkanten der Längsseiten 3 cm breit um, und steppen Sie das Gardinenband mit 2 cm Abstand zur Bügelkante auf. Der Volant erhält dadurch ein 2 cm breites „Köpfchen“. Versehen Sie die Schmalkanten des Volants mit einem 3 cm breiten Saum. Fassen Sie dabei die Enden des Gardinenbands mit, ziehen Sie aber vorher die Kräuselfäden etwa 7 cm weit heraus. Die untere Volantkante ist die Webkante, die nicht unbedingt gesäumt werden muß.
Kräuseln Sie jedes Volantteil auf jeweils 4,50 m Länge ein, wickeln Sie den Kräuselfaden auf und stecken Sie ihn mit einer Sicherheitsnadel fest.
Legen Sie das große Mittelstück auf die Tisch(tennis)platte und stecken Sie, in einer Ecke beginnend, je ein gekräuseltes Volantteil mit den Schwesternnadeln in Tischkantenhöhe an eine Längs- und eine Querseite.
Anfang und Ende stecken Sie einige Zentimeter übereinander.
Zwei Volantteile haben gegenüber einem sehr langen den Vorteil, daß sie einfacher zu handhaben sind.

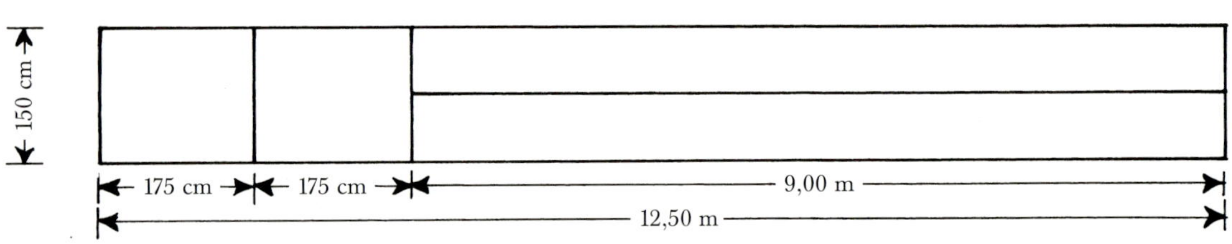

Hochzeitstafel

Große Ereignisse werfen ihre Schatten voraus, im Falle einer Hochzeit sind es die immensen Vorbereitungen. An was und wen man alles denken muß! Steht die Anzahl der Gäste fest, geht das Kopfzerbrechen los, wie alle an der Tafel Platz finden sollen. Wohl dem, der einen Ausziehtisch hat! Aber es gibt auch andere Lösungen.
Für eine kleine Gesellschaft z. B. kann man eine Spanplatte auf den vorhandenen Tisch legen, die an jeder Seite maximal 30 cm über den Tisch hinausragt. Bei einem runden Tisch mit 120 cm Ø ergibt das immerhin einen „neuen" Tisch von 200 cm Ø, an dem zehn Personen Platz finden. Eine noch größere Platte, z. B. mit 240 cm Ø für 14 Personen, muß in zwei Halbkreisen zugeschnitten und mit vier Zusatzbeinen unterstützt werden. Damit die Halbkreise nicht auseinanderrutschen, werden Sie auf beiden Seiten 10 cm vor dem Rand mit einem Schnappverschluß zusammengehalten. Bei einem rechteckigen Tisch kann man ähnlich verfahren.
Für eine große Tafelrunde von z. B. 17 – 18 Personen eignet sich auch eine Tischtennisplatte, aus der mit zwei an den Stirnseiten angesetzten Halbkreisen ein großer ovaler Tisch wird. Dazu benötigen Sie, außer zwei Zusatzfüßen für jeden Halbkreis, je zwei Verbindungseisen, mit denen Sie Tischtennisplatte und Halbkreise an der Unterseite zusammenschrauben. Die Tischplatte sollte immer zuerst mit einem Moltontuch überzogen werden. Man schneidet es 20 cm größer als die Platte zu und versieht den Saum mit einem Gummiband, damit sich das Tuch glatt herumzieht.
Haben Sie das Tischproblem gelöst (das Foto rechts zeigt eine Auswahl an „Behelfs"-Tischplatten), müssen Sie sich für die Art der Tischdecke entscheiden. Bei einer Konstruktion mit Zusatzfüßen sollte sie seitlich mindestens 50 cm herabhängen, besser noch bodenlang sein. Entsprechende Nähanleitungen finden Sie auf den Seiten 18 – 21.
Für eine große Hochzeit ist die hier gezeigte Tülldekoration sehr gut geeignet. Sie wird über eine Tischdecke drapiert und mit aus zarten Bändern gebundenen Schleifen verziert.

Material
- Bodenlange Tischdecke
- 75 cm Tüll pro Platz, 200 – 300 cm breit
- 2 m grünes Schleifenband pro Platz
- Schwestern- oder Sicherheitsnadeln

Arbeitsablauf
- ▷ Tischdecke auflegen
- ▷ Durchzugschlitze in denTüll schneiden
- ▷ Bänder durchziehen und zu Schleifen binden
- ▷ Tüll anstecken

Sie benötigen feinen Tüll, der mindestens 200 cm breit liegt. Rechnen Sie pro Eßplatz 60 cm Tischbreite, brauchen Sie pro Platz 75 cm, damit der Tüll schön drapiert werden kann. Von den 200 cm Tüllbreite lassen Sie 90 cm seitlich herabhängen und leicht auf den Boden stoßen. Die restliche Breite raffen Sie, unter der Tischkante beginnend, zu einer Girlande. Schneiden Sie in 2 cm Abstand zur oberen Kante einen 3 cm langen, in 90 cm Abstand einen zweiten Querschlitz in den Tüll, durch die Sie dann das Band ziehen. Binden Sie es zu einer dekorativen Schleife. Auf der Rückseite der Schleife stecken Sie den Tüll mit einer Schwestern- oder Sicherheitsnadel an der Tischdecke fest.
Eine gestickte Menükarte mit den Initialen des Brautpaars ergänzt die festliche Tafel und ist zugleich eine bleibende Erinnerung an diesen Tag.

Den Tüll kräuseln Sie mit einem Schleifenband, das durch zwei eingeschnittene Schlitze gezogen, gebunden und am Tischtuch festgesteckt wird.

Andere Tischwäsche

Zum schön gedeckten Tisch gehören auch Servietten, die am besten aussehen, wenn sie aus dem gleichen Stoff wie die Tischdecke genäht sind. Sets und Tischläufer komplettieren die Tischwäsche-Ausstattung. Sie können entweder in Verbindung mit einer Tischdecke oder – z. B. auf einer besonders schönen Tischplatte – allein eingesetzt werden.

Sets

Auf einer Tischplatte aus edlem Holz oder aus Glas, aber auch zum Schutz einer Tischdecke oder, nicht zuletzt, aus rein dekorativen Gründen kann man unter Teller und Besteck ein Platzdeckchen, auch Set genannt, legen. Sets sind schnell und leicht zu nähen, sie sehen dekorativ aus und sind ausgesprochen praktisch, da sie schnell gewaschen und gebügelt werden können.
Um den Teller herum, der in der Mitte des Sets steht, soll reichlich Platz für Besteck, Glas und Serviette sein. Die ideale Größe für ein fertiges Set ist daher 35 x 45 cm, die Saumzugabe beträgt, je nach Art der Kantenverarbeitung, 1 – 3 cm. Feste Baumwollstoffe, Leinen, Piqué oder leicht wattierte Stoffe eignen sich besonders gut. Dünnere Stoffe können doppelt genommen werden, wobei unterschiedliche Muster oder Farbabstufungen für Vorder- und Rückseite für weitere Effekte sorgen. Eine dünne Zwischenlage aus Vlieswattierung isoliert zusätzlich – bei empfindlichen Tischoberflächen sehr empfehlenswert!
Die folgenden Beispiele sollen Ihnen Anregungen geben und die vielfältigen Möglichkeiten der Kantenverarbeitung und Saumgestaltung aufzeigen.

Kanten mit Bändern

Eine sehr dekorative, dabei leicht auszuführende Art der Saum- bzw. Kantengestaltung ist das Aufnähen von Nahtbändern, entweder in passenden oder in kontrastierenden Farben.
Dazu werden die Schnittkanten des Sets einige Zentimeter breit auf die Vorderseite umgeschlagen und diese dann mit dem Nahtband überdeckt.
Für das Aufnähen der Nahtbänder gibt es drei Möglichkeiten: Sie können sie entweder nur an zwei Seiten, also den Schmal- oder den Längsseiten des Sets aufnähen, oder aber rundherum an allen vier Seiten. Beim Aufnähen rundherum gibt es wiederum zwei Möglichkeiten: vier Nahtbänder an allen vier Seiten durchgehend bis zur Set-Kante auf die eingeschlagene Schnittkante aufzunähen, oder nur ein Nahtband durchgehend ringsum aufzusteppen; in diesem Fall sind vorher die Ecken des umgeschlagenen Stoffs als Briefecke genäht (s. Seite 15).
Die links im Bild vorgestellten Beispiele zeigen alle beschriebenen Varianten. Doch kommt bei ihnen ein weiteres Detail hinzu, denn die Sets bestehen aus jeweils zwei Stofflagen; weißem Piqué für die Unterseite und gemustertem oder Unistoff für die Oberseite. Der Piqué für die Unterseite wurde größer zugeschnitten, seine überstehenden Kanten auf die Vorderseite geschlagen und diese mit Nahtband überdeckt. So entsteht ein dekorativer „Dreifach"-Effekt, der die Rahmenwirkung noch unterstreicht.

Bei abgerundeten Ecken ist das Einfasssen mit Schrägband einfacher als bei „eckigen". Zeichnen Sie mit Hilfe einer Tasse in jede Ecke eine entsprechende Rundung und schneiden Sie die Ecke ab.

Das an einer Kante aufgeschlagene Schrägband wird mit seiner rechten Seite auf die linke Set-Seite genäht. Die Naht verläuft neben der Falzkante. An den Rundungen stauchen Sie das Band etwas.

Schlagen Sie dann das Schrägband über die Set-Kante auf die Vorderseite, bügeln Sie es um und steppen Sie es mit eingeschlagener Kante knappkantig auf. Damit die Nähte gut zu erkennen sind, wurden sie hier mit rotem Garn ausgeführt.

Kanten mit Schrägband

Sehr beliebt, einfach zu nähen und vielfältig zu variieren sind mit Schrägband eingefaßte Schnittkanten. Der Vorgang ist wirklich einfach: Das vorgefalzte Schrägband wird mit der rechten Seite und aufgeschlagener Schnittkante auf die Set-Unterseite gesteppt, wobei die Naht dicht neben der Falzkante verläuft. Dann wird es zur Vorderseite umgelegt, gebügelt und mit eingeschlagener Kante knappkantig aufgesteppt.
Hat das Set rechtwinklige Ecken, wird in das Band an den Ecken eine schräge Falte eingelegt. Bei abgerundeten Ecken (s. Abb. oben) läßt sich das Schrägband noch problemloser annähen; in den Rundungen wird es etwas gestaucht, damit es sich glatt auf den Stoff legt.
Die einfache Schrägbandeinfassung kann nun auf verschiedene Weise variiert und verziert werden. Sie kann z. B. mit einer parallel verlaufenden, aus einzelnen Zierstichen zusammengesetzten Bordüre betont werden. Oder Sie überdecken die aufgenähte Schrägbandkante mit einer kontrastfarbenen Raupennaht (Zickszackstich mit 2,5 mm Stichbreite und 0,3 mm Stichlänge). Mit einer Zwillingsnadel kann die Raupennaht auch doppelt ausgeführt werden, wobei Sie für jede Naht eine andere Garnfarbe wählen können.
Sehr schön wirkt auch eine zur Hälfte mit unter das Schrägband geschobene und mit eingenähte Zackenlitze.

Dekorativ gestaltet

Mit der dekorativen Saum- bzw. Kantengestaltung sind keineswegs die Möglichkeiten erschöpft – die große „freie“ Fläche des Sets ist oft ideal für eine weitere Verzierung. Hier bietet sich vor allem das Besticken und das Applizieren an. Je nachdem, welche Möglichkeiten Ihre Nähmaschine bietet, können Sie Bordüren aus Einzelstichen bzw. -mustern zusammensetzen, vorprogrammierte Motive aufsticken oder auch selbstprogrammierte mit vorprogrammierten Motiven zu einem Stickbild kombinieren. Die gezeigten Beispiele sollen vor allem als Anregung dienen.

Set mit Bördüre. Die linke Hälfte des Sets ist mit einer breiten, senkrecht verlaufenden Bordüre geschmückt, die sich aus fünf Zierstichnähten zusammensetzt. Beginnen Sie mit dem Muster in der Mitte. Auf beiden Seiten folgen, jeweils in füßchenbreitem Abstand, zwei weitere Muster. Wenn Sie für die äußeren Ziernähte ein möglichst geschlossenes Muster wählen, wird die Bordüre optisch zusammengehalten und wirkt schöner. Eingefaßt ist das doppelt liegende Set mit einem Schrägband aus dem Stoff der Rückseite.

Set mit Gänsen. Das beliebte Motiv, das Sie auf mehreren Nähmaschinenmodellen finden, ist bis zu 5 cm groß. Es werden nur die Konturen gestickt und diese anschließend mit Textilfaserstift oder „Permanent Marker“ ausgemalt. Die Gänsepaare sind aus dem Programm der *Pfaff Creative 7550*, die Gänsefamilie entand auf der *Singer Professional XL 100* durch Vergrößern bzw. Verkleinern und Spiegeln des Einzelmotivs.

In die Schrägbandeinfassung wird ein längs halbiertes zweites Schrägband eingelegt und mitgefaßt.

Set mit Schneeglöckchen. In die linke obere Ecke ist mit der *Pfaff Creative 7550* das Maximuster „Schneeglöckchen“ gestickt, die Randeinfassung der Ecke rechts unten können Sie zusätzlich mit Initialen versehen. Die Garnfarben sind auf die Farben des Sets bzw. des Rands abgestimmt. Ein 5 cm breites Schleifenband überdeckt hier die auf die Vorderseite geschlagenen Saumzugaben und rahmt das Set gleichzeitig ein.

Set „Am Teich". Man sitzt am Teich und betrachtet das bewachsene Ufer, wirft im Geiste Kieselsteine übers Wasser und schaut den fliegenden Wildenten nach: So eine Idylle kann man auf einer freien, hellen Set-Fläche wunderbar in Szene setzen. Das Set wurde auf der *Pfaff Creative 7550* mit einer Kombination aus vorprogrammierten Stichen und selbstprogrammierten Enten bestickt. Auf anderen Nähmaschinen-Modellen mit entsprechender Ausstattung können Sie eine ähnliche oder eine Szene Ihrer Wahl sticken – seien Sie kreativ! Der Set-Rand wird mit grünem Schrägband, das mit einem hellblauen Schrägband unterlegt ist, eingefaßt.

Set mit Schaukelpferd. Wenn das geliebte Schaukelpferd Set und Lätzchen schmückt, schmeckt das Essen doppelt gut. Das Motiv auf der Stickkarte der *Pfaff Creative 7570* wurde von einem Stickaggregat selbstständig gestickt. Es ist in zwei Größen programmiert; das kleinere Pferd wurde auf das Lätzchen, das größere in die linke obere Ecke des Sets gestickt. Das Motiv kann mit einem gestickten Namenszug ergänzt werden.
Set und Lätzchen sind aus weißem Piqué genäht, die Kanten mit Schrägband eingefaßt. Eine Ziernaht aus Kreuzstichen überdeckt die eingeschlagene Schrägbandkante.

Kinder-Set mit Haus. Hier wurde die gesamte Set-Fläche genutzt, um ein Haus zu applizieren. Die Köpfe der aus den Fenstern schauenden Kinder sind im Stickprogramm der *Singer Professionel XL 100* programmiert. 20 Frisuren, vier Kinn-, vier Mund- und sechs Augenformen lassen sich beliebig miteinander kombinieren, und wenn sie diese noch in unterschiedlichen Farben sticken, kommen ganz verschiedene „Charaktere" dabei heraus. Ein leichtes „Make-up" erhielten die lustigen Gesichter mit Textilfaserstiften.
Das Haus selbst besteht aus applizierten Stoffteilen (das Applizieren mit Hilfe von Vliesofix ist auf Seite 60 beschrieben). Fensterrahmen und -bänke bestehen aus gestickten Raupennähten, Fensterflügel und -sprossen sind im Dreifachgeradstich gearbeitet. Die Hauswand zieren eine aufgestickte Kletterpflanze und zwei Blumen aus dem Stickprogramm.

Sets mit Quiltmustern

Die beiden Sets aus einfarbigem Baumwollstoff beziehen ihre Wirkung aus dem durch Steppnähte gebildeten Muster. Der plastische Effekt entsteht dadurch, daß zwischen Ober- und Unterstoff eine Wattierung gelegt und das Quiltmuster durch alle Lagen gesteppt wird. Die Kanten werden mit einem Stoffstreifen eingefaßt.

Material pro Set

- 45 cm Baumwollstoff, 90 cm breit
- 35 x 45 cm Volumenvlies 280
- Nähgarn, transparent und farbig
- Wasserlöslicher Markierstift
- Schablonen (für das grüne Set)
- Nähmaschinenlineal (blaues Set)

Arbeitsablauf

▷ Zuschneiden
▷ Muster aufzeichnen
▷ Lagen aufeinanderstecken
▷ Steppen
▷ Kanten einfassen

Schneiden Sie pro Set zwei 35 x 45 cm große Teile (für die Ober- und die Unterseite) und 4 cm breite Streifen für die Randeinfassung in entsprechender Länge zu.
Zeichnen Sie auf die Oberseite das Quiltmuster. Legen Sie Oberstoff, Wattierung und Unterstoff übereinander und heften Sie die drei Lagen zusammen. Steppen Sie nun das Quiltmuster mit Geradstich nach. Wenn Ihre Nähmaschine die Möglichkeit bietet, nähen Sie die Stepplinien im Quiltstich, bei dem ein Geradstich mit einem Dreifachgeradstich abwechselt und so den Vorstich des Handquiltens imitiert. Um den Handsticheffekt noch zu verstärken, nehmen Sie als Unterfaden Nähgarn im Farbton des Stoffs, als Oberfaden Transparentgarn. Stellen Sie die Oberfadenspannung sehr fest (9), die Unterfadenspannung sehr locker ein. Dadurch wird der Unterfaden nur im Dreifachgeradstich hochgezogen und sichtbar, der Geradstich bleibt unsichtbar.
Zum Schluß fassen Sie die Kanten rundherum mit dem Streifen ein.

Zwischen die Ober- und Unterseite des Sets legen Sie eine Lage Volumenvlies und heften die Lagen zusammen. Das Quiltmuster wird anschließend durch alle drei Lagen gesteppt.

Set mit grafischem Muster. Das blaue Set hat ein schlichtes, grafisches Muster, das nur aus geraden Nähten besteht. Zeichnen Sie in die Mitte des Oberstoffs ein 20 x 28 cm großes Rechteck, das von drei weiteren Rechtecken, in jeweils 1 cm Abstand zum Rechteck davor, umgeben wird. Der breite Rand wird mit senkrecht zum Rand stehenden Linien in jeweils 8 mm Abstand zueinander gefüllt. Zeichnen Sie in die Mitte ein Muster aus diagonal verlaufenden Linien, die jeweils 3 cm Abstand zueinander haben. Wenn Sie mit dem Quilten schon ein wenig Übung haben, müssen Sie nicht jede Linie vorzeichnen; mit Hilfe des Nähfüßchens oder des Nähmaschinenlineals lassen sich die Linien sehr gut parallel steppen. Quilten Sie erst das Mittelfeld, dann den Rahmen und den Rand.

Set mit Blumenkorb. Das Muster auf dem grünen Set besteht aus einem Blumenkorb, eingerahmt durch gerade Nähte und einen breiten Rand mit Lianenmuster. Daher benötigen Sie für dieses Set zwei Quiltschablonen: „Blumenkorb" und „Liane" (im Fachhandel erhältlich). Den Blumenkorb zeichnen Sie in die Mitte und umgeben ihn mit sechs Rechtecken, deren Linien 8 mm Abstand zueinander haben. Der restliche Rand ist dann noch etwa 5 cm breit. Auf diesen zeichnen Sie rundum das Lianenmuster, indem Sie, in einer Ecke beginnend, die Schablone immer wieder neu ansetzen. Beginnen Sie beim Quilten mit dem Blumenkorb und steppen Sie alle Muster und Linien nach außen hin fertig.

Patchwork-Set im Log-Cabin-Muster

Eins der beliebtesten – und, wenn man den Dreh erst einmal raus hat, auch eins der einfachsten – Patchworkmuster ist das „Blockhaus“, im Englischen „Log Cabin“. Die „Patches“ bestehen aus Streifen, die um ein kleines Mittelquadrat (beim Set ist das ein Rechteck) herum aneinandergenäht werden.
Für das gezeigte Set sind die geschnittenen Streifen 3 und 4 cm breit, wobei auf jeder Seite 1 cm Nahtzugabe vorgesehen ist. Am besten schneiden Sie die Streifen mit Hilfe eines Rollschneiders und der dazugehörigen Schneidematte zu, ein Quiltlineal mit seiner Maßeinteilung ist ebenfalls sehr hilfreich (s. auch Seiten 94/95). Das genaue Zusammennähen können Sie sich durch die Verwendung eines mit einem Raster bedruckten Vlieses („Rasterquick“, s. Seite 94) erleichtern; durch das Steppen auf den vorgegebenen Linien gelingt das Patchen von Streifen, Quadraten und anderen geometrischen Figuren ganz exakt. Verwenden Sie zusätzlich das Nähmaschinenlineal (s. Seite 12).

Material

- 3 und 4 cm breite Stoffstreifen
- 35 x 45 cm Stoff für die Rückseite
- 35 x 45 cm „Rasterquick“
- Nähgarn
- 160 cm Schrägband

Mit Rollschneider, Schneidematte und Quiltlineal lassen sich die Streifen für das Blockhausmuster sehr exakt und schnell zuschneiden. Durch vier bis fünf Stofflagen auf einmal kann in einem Arbeitsgang geschnitten werden.

Beginnen Sie in der Mitte des „Rasterquick“-Zuschnitts mit dem Aufnähen eines 7 x 9 cm großen Rechtecks. Die folgenden Streifen werden jeweils erst rechts und links, dann oben und unten angenäht: Als erstes rundum ein 3 cm breiter Streifen, dann rundum fünf 4 cm breite, anschließend drei Streifen, die rechts und links 4 cm, oben und unten nur 3 cm breit sind. Den Schluß bildet ein 3 cm breiter Streifen, der nicht rundum, sondern nur rechts und links angenäht wird. Unterlegen Sie die Patchworkarbeit mit dem Rückseitenstoff. Steppen Sie durch beide Stofflagen an der Innenkante des 1., 4., 6. und 8. Streifens sowie knapp vorm Rand. Fassen Sie das Set mit Schrägband ein.

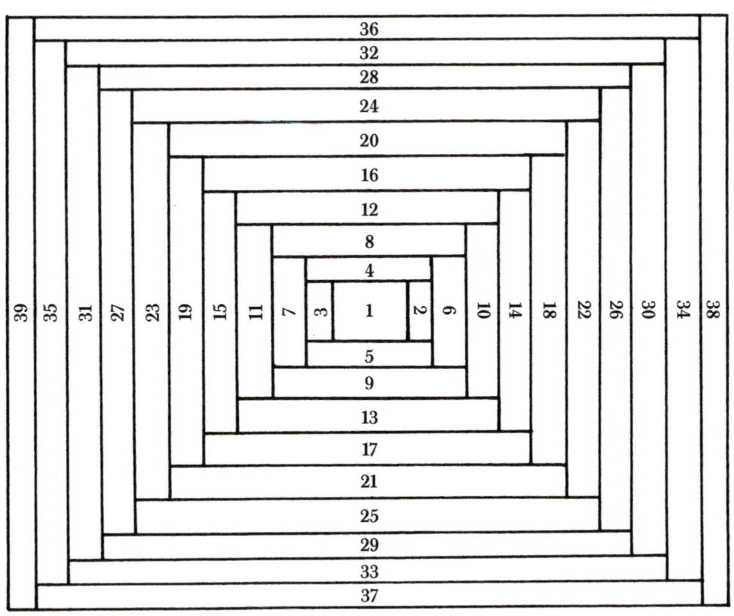

Das Blockhausmuster beginnt mit einem Rechteck in der Mitte, dann folgen rundum die Streifen in der angegebenen Reihenfolge. Sie werden mit jeweils 1 cm Nahtzugabe rechts auf rechts aneinandergenäht. Nach jeder „Runde“ müssen die Streifen gut gebügelt werden, indem Sie sie, vom Rechteck weg, nach außen hin umlegen.

Servietten

Wieviel schöner sieht ein gedeckter Tisch aus, der statt der – heutzutage weit verbreiteten – Papierservietten mit zur Tischdecke passend genähten Stoffservietten „gekrönt“ ist. Das bißchen Mühe mit dem Waschen und Bügeln zählt nicht im Vergleich zu der Wirkung, die Sie damit erzielen!
In Farbe und Gestaltung müssen die Stoffservietten natürlich mit der Decke harmonieren, was bei Verwendung des Deckenstoffs garantiert ist. Allerdings muß sich der Stoff auch eignen: Er sollte fest, aber nicht zu steif sein, ein saugfähiges Gewebe aus Naturfasern ist besser als eins aus Kunstfasern, wie z. B. wasserabweisendes Polyestergewebe. Die Größe der Servietten wird dem jeweiligen Zweck angepaßt: Zum Frühstück und Nachmittagskaffee oder -tee gibt es kleine quadratische, zum Essen größere Servietten, die auch rechteckig sein können. Die „kleine“ Serviette ist ungefähr 30 x 30 cm groß und aus leichtem Leinen, Baumwolle oder Batist genäht, die „große“ mißt mindestens 50 x 50 cm, in rechteckiger Form 50 x 60 cm, und besteht aus festerem Leinen oder Baumwollstoff.
Durch nähtechnische Details wie Ziersäume oder Einfassungen und durch Verzierungen in Form von Stickereien und Monogrammen können Servietten individuell gestaltet werden.

Schlicht gesäumt

Bei einer Serviette ist die Gestaltung des Saums ausgesprochen wichtig, denn die Kanten sind ihr augenfälligstes Merkmal – egal, ob die Serviette kunstfall gefaltet oder glatt gelegt den Eßplatz ziert. Auch ein einfacher Steppsaum kann schon dekorativ wirken, vor allem, wenn er nicht zu schmal genäht und mit Briefecken versehen ist.
Mal abgesehen vom Rollsaum, sollten Sie für den Saum – vor allem bei großen Servietten – eine großzügige Breite vorsehen. Eine 50 x 50 cm große Serviette sollte einen mindestens 4 cm breiten Saum (= 5 cm Saumzugabe) haben; Sie benötigen also ein 60 x 60 cm großes Stoffstück. Die Schnittkante wird 5 cm breit umgebügelt und davon nochmals 1 cm eingeschlagen. Bei zarten Stoffen und bei kleinen Servietten kann der Saum auch schmaler sein. Für Frühstücksservietten von 30 x 30 cm Größe z. B. genügt ein etwa 3 cm breiter Saum. Um den Saum zu fixieren, ist es oft ratsamer, anstelle von Stecknadeln einen Fixierstift zu verwenden, weil sich der Stoff dann nicht mehr ver-

Die Beispiele zeigen folgende Saumarten (von oben nach unten): Einfacher Steppsaum mit Briefecken, Steppsaum mit Raupennaht, Steppsaum mit aufgenähter Durchzugspitze, Rollsaum mit Raupennaht, einfacher Rollsaum.

schieben kann. Die Ecken werden vor dem Säumen gearbeitet (s. Seite 15). Vor allem kleine Servietten können aber auch mit einem ganz schmalen Saum, einem sogenannten Rollsaum, versäubert werden. Er läßt sich mit einem Spezialfuß (oft als Zubehör der Nähmaschine vorhanden) schnell und sauber nähen. Dieser Rollsäumer legt den Stoff selbständig um und näht knapp an der Kante eine Naht.
Am Saumanfang wird die Schnittkante zweimal knapp eingeschlagen und nach einigen ersten Stichen in die Führungsrillen des Rollsäumers geschoben. Nun lenken Sie nur noch den Stoff, das Umlegen und knappkantige, gleichmäßige Nähen erledigt die Nähmaschine. Am besten, Sie üben vorher auf einem Stoffrest.

Kantenverarbeitung mit Schrägband

Anstelle eines Saums können Sie, wie schon bei den Sets beschrieben, die Schnittkanten einer Serviette auch mit Schrägband einfassen. Das vorgefalzte Band wird zunächst mit rechts auf die linke Stoffseite genäht – die Naht verläuft dicht neben der Falzlinie des aufgeschlagenen Bands –, dann auf die rechte Seite geschlagen und mit eingeschlagener Kante knappkantig aufgesteppt. In den Ecken wird das Band im rechten Winkel eingekippt, wie bei der Organdy-Serviette mit grünem Satinband im Foto oben zu sehen. Einfacher ist das Annähen bei abgerundeten Ecken. Die Rundung zeichnen Sie mit Hilfe einer Tasse o. ä. auf (s. Seite 71, kleines Foto oben links). Beim Annähen stauchen sie das Band in der Rundung etwas zusammen.
Die Schrägbandeinfassung kann auf verschiedene Art zusätzlich verziert werden. Sie können seine Kante z. B. mit einer oder zwei Raupennähten übersticken (Zickzackstich, Stichlänge 0,3 mm, Stichbreite 2 mm), mit kontrastfarbenem oder auch Multicolorgarn ausgeführt, wie im Foto oben zu sehen. Sehr hübsch sieht auch ein Ombrégarn aus, das in nur einem Farbton heller und dunkler gefärbt ist. Einen weiteren Akzent können Sie durch ein zweites, längs halbiertes und in der Mitte gefalztes Schrägband setzen, das mit in die Einfassung genäht wird und knapp herausschaut.

Servietten mit verzierten Säumen

Säume können zusätzlich durch Stickstiche dekorativ gestaltet werden. Besonders auf schlichten weißen Servietten lassen sich auf diese Weise schöne Akzente setzen. Das klassische Beispiel dafür ist der Hohlsaum, der keineswegs von Hand ausgeführt werden muß. Ein mit der Nähmaschine gestickter Hohlsaum ist nicht nur schnell fertig, er hat auch den Vorteil, daß der Stoff nicht durch das Herausziehen von Gewebefäden geschwächt wird. Sie brauchen dazu eine spezielle Hohlsaumnadel (s. Seite 12). Sie hat ein Schwert, das beim Einstechen die Gewebefäden zur Seite drückt, bevor diese mit dem Stickfaden zu einem Steg zusammengefaßt werden. Die Nadel sticht vor der Saumkante in den einfach liegenden Stoff, führt dort einen Dreifachgeradstich aus und dann einen Stich seitwärts in den Saum.
Da es sich beim Hohlsaumstich um einen Stickstich handelt, sollten Sie unbedingt Maschinenstickgarn verwenden und, vor allem bei feinen Stoffen, einen Stickrahmen zu Hilfe nehmen.
Für einen doppelten Hohlsaum gibt es ebenfalls eine Spezialnadel. Diese Doppelnadel hat neben der schwertartigen Hohlsaumnadel eine Sticknadel. Mit der Schwertnadel stickt sie einen Hohlsaumstich, parallel dazu mit der Sticknadel einen Stich ohne „Loch“. Der Hohlsaumstich kann auch einfach als Stickstich eingesetzt werden, ohne gleichzeitig einen Saum zu befestigen. Er kann ebenso dazu dienen, z. B. eine Kante zu befestigen, die in Fransen ausläuft, wie bei der unten abgebildeten Serviette. Die Hohlsaumnaht wird hier, mit einer einfachen Hohlsaumnadel, rundherum in 2 – 3 cm Abstand zur Schnittkante gestickt, dann werden die Querfäden bis zur Hohlsaumnaht herausgezogen – und fertig ist der dekorative Fransen„saum“.
Andere geeignete Stickstiche für die Saumverzierung sind z. B. der Punktstich und der Festonbogen, wie auf den abgebildeten Servietten zu sehen. Kleine Punkte mit 4 mm Ø aneinandergereiht, ziehen sich wie eine Perlenschnur über die Saumkante, wobei die Ecken mit einbezogen werden. In glänzendem Viskosegarn ausgeführt, schimmern die „Perlen“ besonders schön.
Der Festonbogen ist eine klassische Verzierung und daher im Programm vieler Nähmaschinen zu finden. Er muß sehr exakt über die Saumkante gestickt werden, damit er diese vollständig verdeckt. Die Sticklinie aus Festonbögen kann einfach oder doppelt ausgeführt werden. Mit einer Zwillingsnadel ist die doppelte Bogenlinie einfach auszuführen (vergessen Sie nicht, die Taste „Zwillingsnadel“ zu drücken!). Wenn Sie für jede Naht eine andere Garnfarbe wählen, können Sie den Doppeleffekt noch hervorheben.
Lassen Sie sich bei der Saumverzierung von den Möglichkeiten Ihrer eigenen Nähmaschine inspirieren; sie bietet sicher noch viele andere Möglichkeiten. Eine Auswahl weiterer geeigneter Stickstiche zeigt auch das Foto auf der rechten Seite.

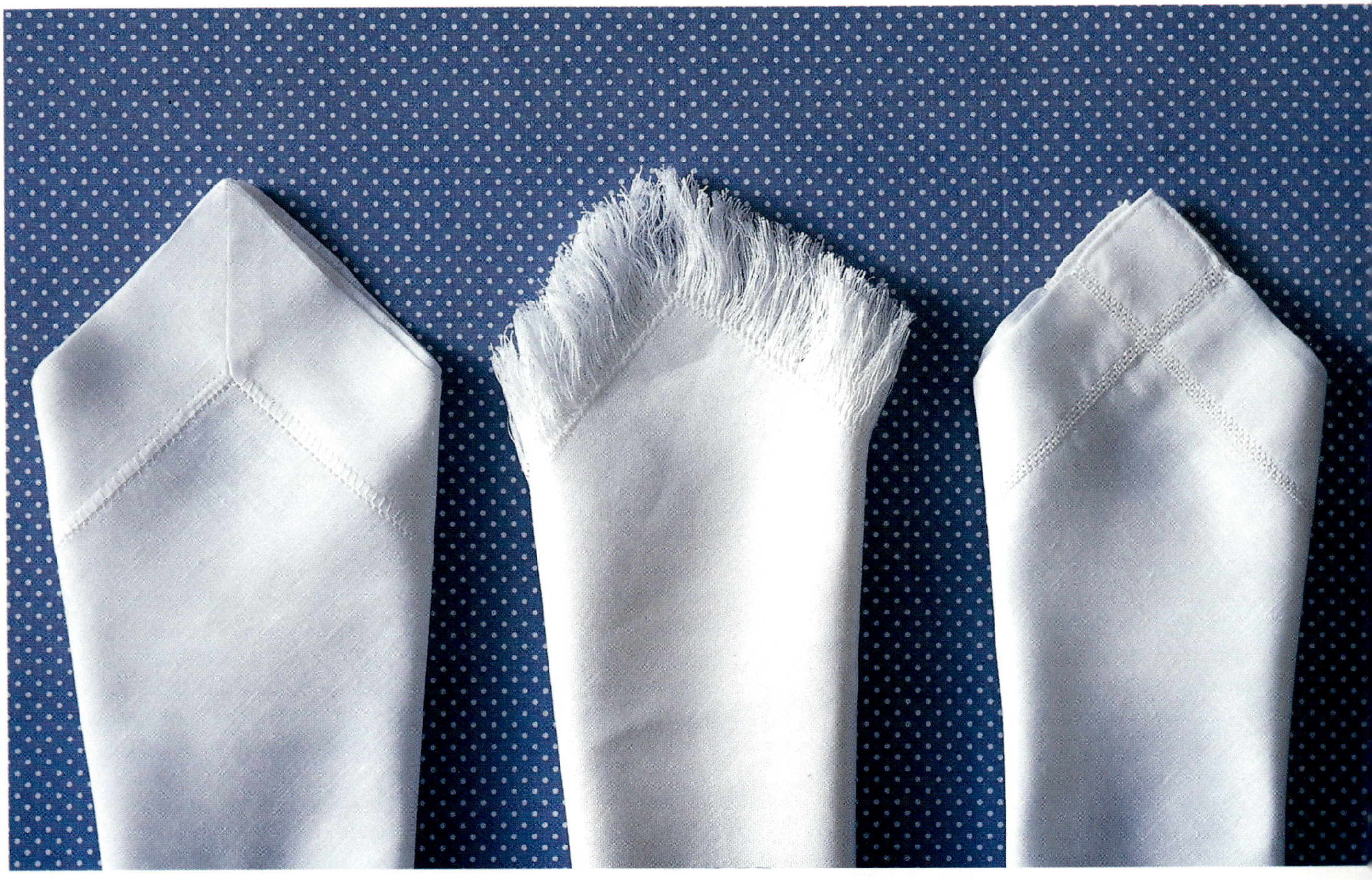

Alle diese Stiche eignen sich gut für die Saumgestaltung von Servietten (von oben nach unten):
- **Hohlsaumstich**
- **Doppelter Hohlsaum- oder Leiterstich**
- **Wabenstich**
- **Punktstich**
- **Festonbogen**
- **Doppelter Festonbogen (Zwillingsnadel)**
- **Raupennaht (Zickzackstich)**
- **Hexenstich**
- **Grasstich**
- **Geradstich (auf mit Schrägstreifen unterlegter Saumkante)**

Schlichte weiße Servietten, deren Säume auf unterschiedliche Art verziert sind (von links nach rechts): einfacher Hohlsaum, Hohlsaumnaht mit Fransen, doppelter Hohlsaum, Punktstich, einfacher Festonbogen, doppelter Festonbogen.

Gestalten mit Monogrammen

Ein Monogramm ist mehr als eine persönliche Kennzeichnung, es ist ein Ausdruck des Stils und der Wertigkeit, die man Dingen gibt.
Einer Serviette schenkt man besondere Beachtung, wenn sie das Monogramm der Gastgeber(in) aufweist. Ähnlich der Signatur eines Gemäldes ist das Monogramm die Kennzeichnung Ihres „Kunstwerks" – des schön gedeckten Tischs mit liebevoll zubereiteten Speisen. Es sollte daher auch ganz individuell entworfen werden.
Was früher mit sehr viel Geduld von Hand gestickt wurde, geht heute mit den modernen Nähmaschinen sehr viel einfacher. Viele Nähmaschinen-Modelle haben vorprogrammierte Alphabete in verschiedenen Ausführungen und Größen. Aber auch mit Zickzack- oder Zierstichen lassen sich schöne Monogramme gestalten. Die auf den folgenden Seiten vorgestellten Beispiele, mit verschiedenen Nähmaschinenmodellen ausgeführt, sollen Ihnen vor allem als Anregung dienen.
Die Position des Monogramms auf der Serviette kann ganz unterschiedlich sein. In Deutschland ist es überwiegend in der rechten unteren Ecke in diagonaler Ausrichtung zu finden, wobei die Spitze der Serviette beim Plazieren auf dem Tisch wahlweise nach unten oder nach oben zeigt. In Frankreich sind auch rechteckige Servietten üblich, bei denen sich das Monogramm in der Mitte der Fläche befindet, die bei der gefalteten Serviette oben liegt. Beim Rechteck bieten sich noch verschiedene andere Plazierungen an, je nachdem, wie Sie die Serviette falten wollen.
Statt aus Buchstaben kann das „Monogramm" auch einmal aus (römischen oder arabischen) Zahlen bestehen. Oder Sie setzen einen kompletten Namen auf die Serviette, bei einer rechteckigen z. B. in die Mitte über eine der Längskanten. Die unkonventionellen Lösungen sind oft die interessantesten – darum sollten Sie einfach experimentieren. Wichtig ist nur, daß Sie bei Ihren Entwürfen die von

In Deutschland ist das Monogramm überwiegend in einer Ecke, und zwar in diagonaler Anordnung, plaziert. Es kann nach außen zeigen, so daß die gefaltete Serviette mit der Spitze nach unten liegen muß, oder nach innen; dann zeigt die gefaltete Serviette mit der Spitze nach oben. Bei rechteckigen Servietten ist es meist dicht an der Außenkante aufgestickt.

Rechteckige Servietten, die längs zur Hälfte und dann dreifach zusammengelegt werden, sind in Frankreich sehr verbreitet. Das Monogramm befindet sich meist in der Mitte des oben liegenden Feldes der zusammengelegten Serviette. Oft besteht das Monogramm aus den Anfangsbuchstaben der Familiennamen eines Ehepaares. Eher unkonventionell ist das Besticken mit römischen oder arabischen Zahlen.

Ihnen bevorzugte Art des Serviettenfaltens mit einbeziehen, denn schließlich müssen Monogramm oder Name bei der gefalteten oder gerollten Serviette immer obenauf liegen und gut zu sehen sein.
Entscheidend für die Wirkung des Monogramms ist zum einen die Schriftart bzw. die Kombination verschiedener Schrifttypen, zum anderen die Anordnung der Buchstaben. Hinzu kommt die Farbgebung, wobei verschiedene Farbtöne in einem Monogramm die Wirkung der einzelnen Buchstaben noch steigern können. Außerdem kann ein Monogramm noch durch ein kleines Muster oder Motiv, das vielleicht sogar einen persönlichen Bezug zum Monogramm-Inhaber hat, komplettiert werden.
Je nachdem, welches Nähmaschinen-Modell Sie besitzen oder ob Sie eine entsprechende Computerausrüstung haben, gibt es verschiedene Möglichkeiten, Ihr Monogramm zu entwerfen und zu gestalten: Entweder wählen Sie aus den vorprogrammierten Alphabeten Ihrer Nähmaschine die entsprechenden Buchstaben aus und ordnen sie nach Ihren Vorstellungen an, oder Sie entwerfen und zeichnen das Monogramm selbst und speichern es im Computer.
Die dritte Möglichkeit ist, das Monogramm selbst zu zeichnen und mit der Maschine in einem passenden Stickstich oder mit Zickzackstich (Raupennaht) nachzusticken.

Wichtig ist, daß Sie für die Ausführung niemals Nähgarn, sondern nur Maschinenstickgarn wählen. Um ein befriedigendes Ergebnis zu erzielen, ist außerdem die Verwendung eines Stickrahmens notwendig.
Ein einmal entworfenes Monogramm ist nicht nur für Servietten und Tischwäsche zu verwenden – auch Blusen, Beutel, Handtücher, Kopfkissen und andere persönliche Dinge können damit dekorativ verziert werden.

Vorprogrammierte Schriften

Die unten abgebildeten Beispiele sind mit der *Pfaff Creative 1475* ausgeführt, die eine Schreibschrift mit Groß- und Kleinbuchstaben, eine Blockschrift, eine konturierte Schrift, eine Kanzleischrift sowie eine „Maxischrift“ als Zierschrift bis 18 mm Höhe programmiert hat. Die ergänzenden Motive sind dem Stickmusterprogramm entnommen oder im zur Maschine gehörenden „Creative Designer“ entworfen und gestickt. Auch andere Maschinen bieten Alphabete und Motive; entwerfen Sie ganz nach den Möglichkeiten Ihrer Maschine!

Pfaff Creative 1475:
HD: <A>, MK: dA, HBG: aA, cA, aA, OS: dA, RR: <A>, erstes R in Musterumkehr, EMB (mit Krone): cA 171, Eva A: aA <A>, PL: <A>, PP (mit Herz): dA, erstes P mit Musterumkehr 119, IL: <A>, MR: dA, CM: dA <A>, Pia W: cA <A>, KK: aA dA, GP (mit Anker): dA 171, CP: cA <A>, Ruth (mit Hut): cA, Hut selbst programmiert, T (mit Apfel): aA 110 127, MM: <A>, erstes M in Musterumkehr, KB: dA bA, H-JR (mit Zylinder): cA, Zylinder selbst programmiert, OO: <A>, rotes O 18 mm, grünes 15 mm groß, mit Musterumkehr, Anna (mit Blume): Blume aA 156 110, TL: <A>, Inez Bree: cA, AKG: dA, MV: <A>, 15 mm groß ohne Schnörkel, DD: <A>.

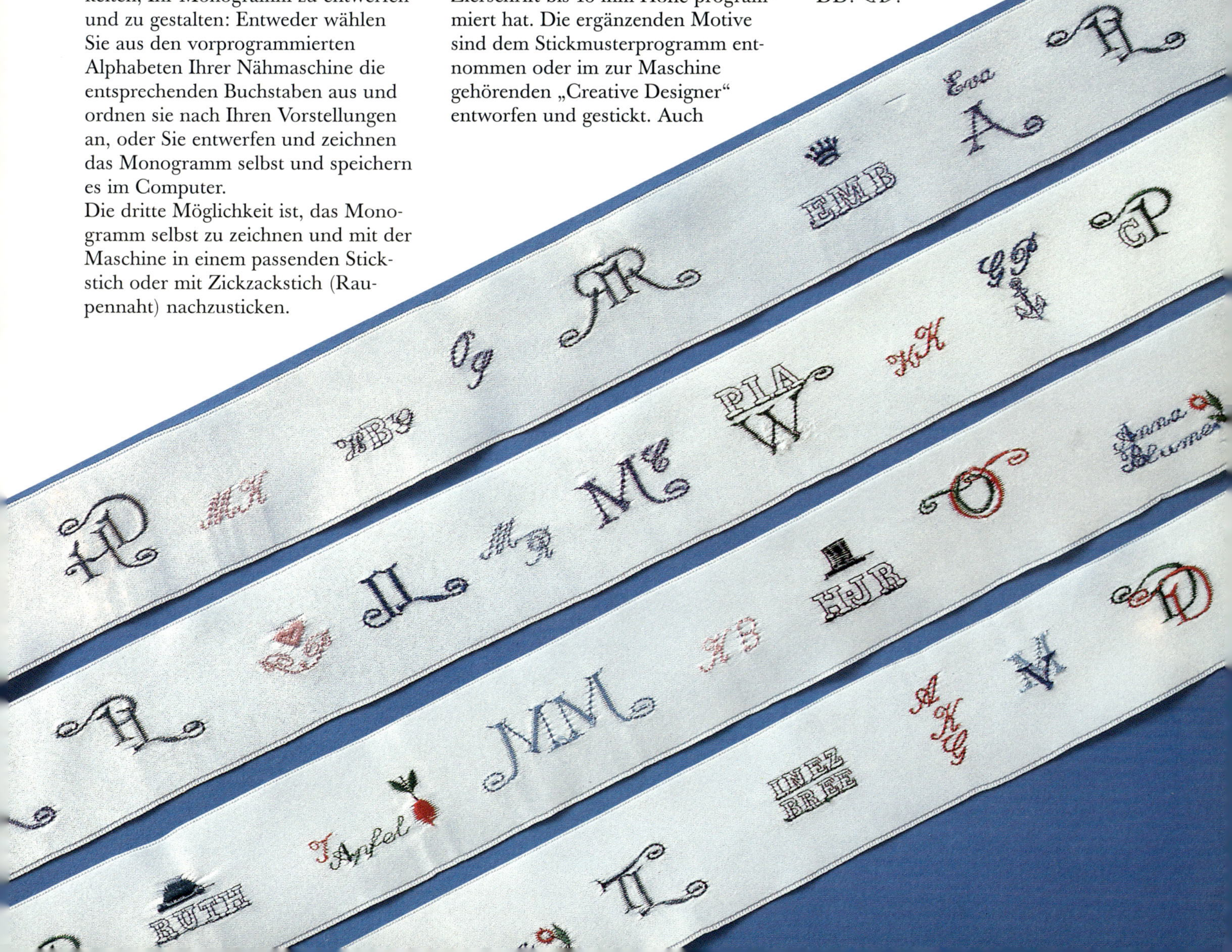

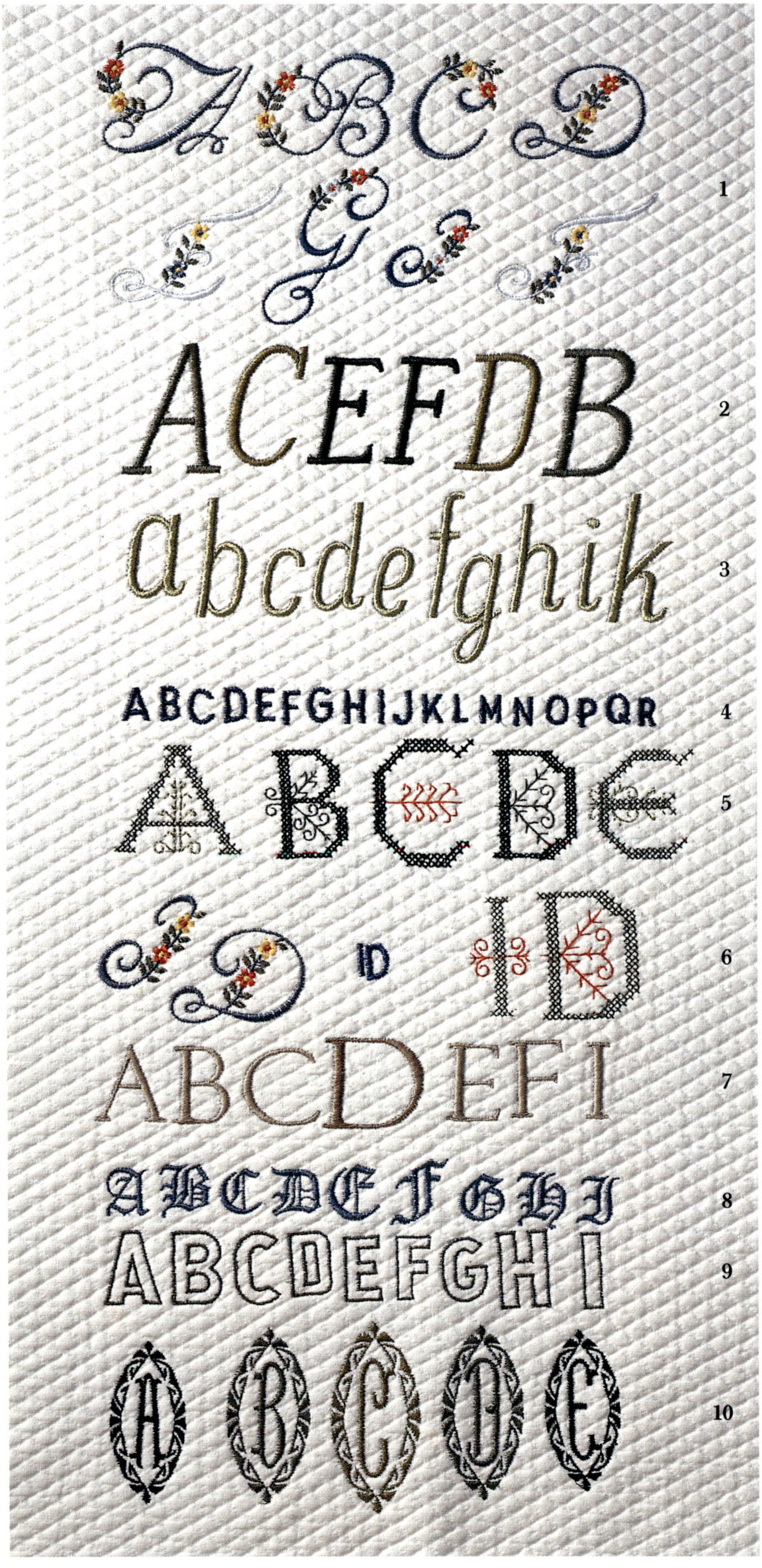

Schriften von der Diskette

Zu den vorprogrammierten Schriften in 9 bis 45 mm Breite gibt es bei den neusten Nähmaschinen-Modellen auf Disketten gespeicherte Alphabete unterschiedlichster Art. Der Stickautomat führt den Stickvorgang selbständig aus. Zum Farbwechsel hält die Maschine an.

Die Größen der Buchstaben sind variierbar, Groß- und Kleinbuchstaben können zu Namen oder Wörtern zusammengesetzt werden. Weitere Gestaltungsmöglichkeiten bieten sich durch Ineinandersticken, Versetzen und Kombinieren von Buchstaben. Am besten, Sie probieren auf einem Stoffrest verschiedene Möglichkeiten aus, wobei Sie auch mit den Garnfarben experimentieren sollten.

Die auf dem Foto links gezeigten Beispiele zeigen verschiedene Schriftarten. Sie entstammen den Disketten 4 und 10 der *Pfaff Creative 7570.*

Diskette Nr. 4:

1. Schreibschrift mit Blumenschnörkeln, die in drei Größen zur Verfügung steht.

2. Romanische Schrift, Versialien.

3. Die Kleinbuchstaben der romanischen Schrift.

4. Eine schlichte Blockschrift.

5. Aus Kreuzstichen mit Ziermotiven gebildete Schmuckbuchstaben. Die Garnfarbe kann zwischen Ziermotiv und Buchstabe gewechselt werden.

6. Die Buchstabenkombination „ID", links in der Schreibschrift (Nr. 1), in der Mitte in Blockschrift (Nr. 4) und rechts in Schmuckbuchstaben (Nr. 5) ausgeführt.

Diskette Nr. 10:

7. Romanische Schrift in unterschiedlichen Größen.

8. Gotische Schrift.

9. Konturenschrift.

10. Einzelne Zierbuchstaben sind von einem ovalen Rahmen umgeben; wahlweise in drei Größen.

Monogramme – hübsch umrahmt

Wenn Sie Ihr Monogramm zusätzlich verzieren möchten, bietet sich z. B. eine Umrahmung an. Diese kann aus vorprogrammierten Zierstichen gebildet werden.
Besitzen Sie jedoch eins der neuen Nähmaschinen-Modelle mit einer Stickautomatik, steht Ihnen eine Anzahl fertiger, als Umrahmung geeigneter Motive auf Disketten gespeichert zur Verfügung, wie z. B. Kränze. Sie lassen sich mehrfarbig und in zwei bis drei Größen sticken.
Die nebenstehenden Beispiele sind mit der *Brother Galaxie II* gestickt. Diskette Nr. 1 enthält die Schriften, Nr. 2 die Kränze und Blumen.
Ein Stickrahmen, in den das Werkstück fest eingespannt werden muß, wird in die Halterung der Maschine eingesetzt. Nach dem Start per Knopfdruck stickt die Maschine das Motiv selbständig – dem Anleitungsheft können Sie die Zeitdauer entnehmen. Muß die Garnfarbe gewechselt werden, hält die Maschine an. Sie übernehmen den Farbwechsel und starten erneut. Manche Motive bestehen aus fünf und mehr Farben. Wenn Sie – wie in den vorgestellten Beispielen – zwei Disketten benutzen, ist es ratsam, den Mittelpunkt des Motivs zu markieren, um mit dessen Hilfe auch die Schrift zentrieren zu können.
Die „blumigen“ Umrahmungen auf der nebenstehenden Abbildung sind herzförmig, rund oder oval. Je nach vorhandenem Raum kann darin ein einzelner Buchstabe, eine Buchstabenkombination oder ein kurzer ausgeschriebener Name stehen.
Auch aus dem einzelnen Rosenmotiv (unten, über den Früchten) läßt sich, kombiniert mit einem Blattmotiv, problemlos eine Girlande winden.
Natürlich kann man ein Monogramm auch mit einem der hübschen Blumenmotive kombinieren.

Monogramme selbst entwerfen

Wenn Sie eine Nähmaschine mit Computeranschluß inkl. PC oder einen Stickautomaten besitzen, können Sie Ihr Monogramm noch individueller gestalten. Denn damit ist es möglich, ein von Ihnen entworfenes und gezeichnetes Monogramm zu programmieren und dann von der Maschine sticken zu lassen.
Das rechts vorgestellte Beispiel ist auf der *Brother Galaxie II* ausgeführt. Diese Nähmaschine ist mit einem Scanner (Lesegerät) als Zusatzteil ausgestattet, der das Monogramm in den Computer einliest.
Sie zeichnen zuerst die Konturen Ihres Monogramms mit schwarzem Filzstift auf ein Blatt Papier und lassen diesen Entwurf vom Scanner einlesen. Dann füllen Sie auf diesem Blatt Papier die auszustickenden Flächen aus und legen das Blatt erneut in den Scanner. Falls Sie mehrfarbig sticken wollen, müssen Sie jede Farbe separat „einscannen". Ist das Motiv komplett eingelesen, speichern Sie es zuerst auf der Festplatte des Computers. Von dort können Sie es immer wieder absticken, auch in unterschiedlichen Größen.
Das zusätzliche Speichern auf Diskette empfiehlt sich, wenn Sie viele Motive selbst entwerfen und die Kapazität der Festplatte begrenzt ist.

Ihr Motiv sollte möglichst runde Formen und keine scharfen Ecken haben und, wegen der besseren Lesbarkeit, mit einem schwarzen Filzstift gezeichnet sein.

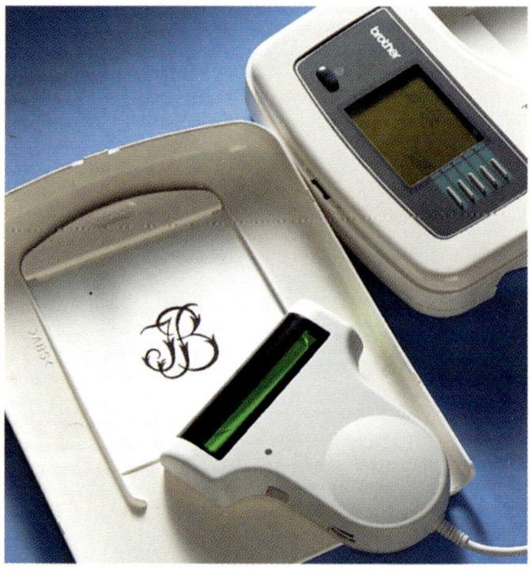

Das Blatt mit dem Motiv muß exakt in die Abtastunterlage eingelegt werden. Dann wird der Scanner zwischen die Führungskante geschoben und bei eingeschaltetem Gerät über die Fläche gerollt.

Ein weiteres Monogramm als Anregung für Ihre eigenen Entwürfe. Das nur aus einer Kontur bestehende „I" ist von einem ausgestickten „W" umschlungen, das fortlaufend gestickt wird.

Tischläufer

Wenn Ihr Tisch eine besonders schöne Holzoberfläche hat oder Sie einen Glastisch nicht verdecken wollen, dann sind Tischläufer die ideale Lösung. Sie unterstreichen einerseits die Wirkung der schönen Oberfläche, zum anderen schützen sie die Tischplatte vor Kratzern, verursacht durch Geschirr oder Besteck, und vor Hitze und Speiseflecken.
Zu polierten, eleganten Holzoberflächen und zu Glas passen z. B. Läufer aus feinem Batist, vielleicht noch verziert mit einer zarten Stickerei, oder ein Läufer mit Richelieuarbeit, bei dem das Holz zusätzlich durch die ausgeschnittenen Teile der Stickerei schimmert. Zu einem eher rustikalen Tisch, vielleicht sogar einem Bauerntisch mit gescheuerter Holzplatte, passen dagegen Läufer aus grobem Leinen oder aus einem Baumwollstoff in kräftigen Farben, auch mit folkloristischem Muster. Gestalterische Akzente können durch aufgenähte farbige Bänder, Applikationen oder durch Kombinieren verschiedener Stoffe gesetzt werden.
Für Tischläufer gibt es keine festgelegten Größen, sie richten sich ganz nach dem Zwek, den sie erfüllen sollen. Auch gibt es für das Auflegen keine „Regeln" – wie der hier folgende „Querläufer" bestens belegt.

„Querläufer"

Tischläufer müssen nicht immer längs auf dem Tisch liegen; quer aufgelegt, sind sie ein ideales „Set" für zwei Personen, die sich gegenübersitzen.
Die beiden „Querläufer" aus Leinen sehen auf einem schönen alten Holztisch besonders gut aus, vor allem, wenn sie, wie auf dem Foto, mit rustikalem Geschirr und karierten Servietten kombiniert werden. Sie passen aber genausogut zu einem jungen, modernen Einrichtingsstil.
Als Zwei-Personen-Set sollte der Läufer 45 – 50 cm breit sein, seine Länge wird durch die Tischbreite und den vorgesehenen seitlichen Fall (hier auf jeder Seite 30 cm) bestimmt.
Der Grundstoff ist naturfarbenes Leinen. Die angegebenen Mengen beziehen sich auf einen Läufer mit einer fertigen Größe von 47 x 140 cm.

Material pro Läufer

- 52 cm Leinen, 150 cm breit
- 5 m weißes Nahtband, 2 cm breit
- 1 m dunkelgraues Nahtband, 4 cm breit
- Nähgarn, in Weiß und in Grau
- Maschinenstickgarn in Dunkelgrau
- Markierstift
- Fixierstift

Arbeitsablauf

▷ Saumzugaben nach vorn umbügeln
▷ Ecknähte ausführen
▷ Linien für das Nahtband an Quer- und Längsseiten aufzeichnen

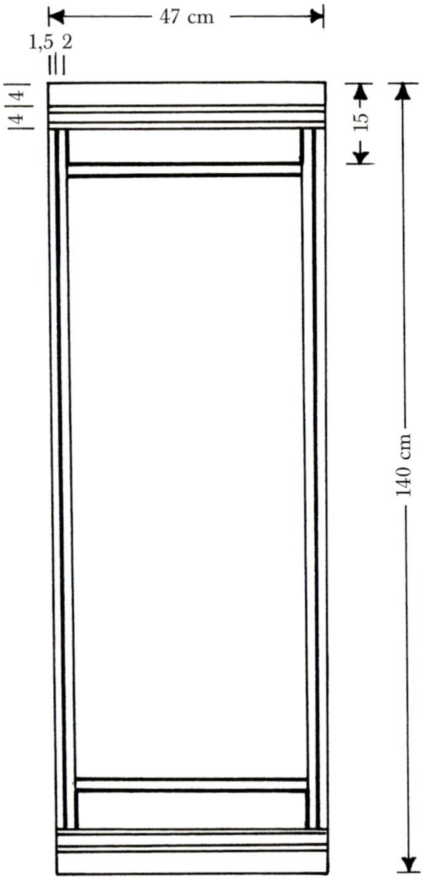

▷ Nahtbänder aufnähen
▷ Vorgesehene Kanten übersticken

Bügeln Sie die Längskanten jeweils 2,5 cm, die Schmalkanten 5 cm breit auf die Vorderseite. Klappen Sie die Einschläge wieder auf, legen Sie den 5 cm breiten Einschlag der Schmalkanten auf die linke Stoffseite und

Aufgesteppte Nahtbänder überdecken die Schnittkanten des Tischläufers. Die glatten Nähte sind sehr einfach zu nähen. Die Nahtbänder verschieben sich beim Nähen nicht so leicht, wenn sie statt mit Stecknadeln mit einem Klebestift fixiert werden.

nähen Sie die übereinanderliegenden Falzkanten auf diesem Stück zusammen; wieder gewendet, sind die Kanten an den Ecken geschlossen.
Für das Aufnähen der Nahtbänder richten Sie sich nach dem nebenstehenden Schema. Zeichnen Sie zuerst in jeweils 15 cm Abstand von der Bügelkante jeder Schmalseite eine Linie, auf der Sie mittig weißes Nahtband von einer Saumkante zur anderen nähen. Dann wird an den Längsseiten, 1,5 cm von der Bügelkante entfernt, je ein weiteres weißes Nahtband aufgesteppt, das gleichzeitig die Enden des vorher quer dazu aufgenähten Bands überdeckt.
Danach nähen Sie an den Schmalkanten, in 4 cm Abstand zur Bügelkante, das breite dunkelgraue Nahtband mit eingeschlagenen Enden auf, und mittig darüber ein weißes Nahtband, dessen Enden Sie vorher einschlagen und mit übernähen.
Übersticken Sie nun die Außenkanten des zuerst aufgenähten weißen Bandes an den Längs- und den Querseiten mit einer Raupennaht (Zickzackstich, Stichlänge 0,3, Stichbreite 2,5 mm), bei dem Band an den Schmalseiten auch die innenliegenden Kanten.

Tischläufer mit Richelieustickerei

Auch durch Richelieuarbeit kann eine schöne Tischoberfläche betont werden, wie dieser Läufer zeigt. Die traditionelle Handarbeitstechnik kann heutzutage genauso schön mit der Maschine ausgeführt werden.
Bei dem gezeigten Läufer liegt der Schwerpunkt der Stickerei auf dem breiten Saum, in dessen obere linke Ecke eine Irisblüte gestickt ist. Der Stiel und die geschwungenen Blätter liegen in diagonaler Anordnung auf der Fläche. Die Aussparungen werden mit Zickzackstich eingefaßt. Die langen, schlanken Blätter und das Blütenblatt sind mit Dreifachgeradstich gefüllt, fünf waagerechte Linien bilden den Untergrund. Mit einem Monogramm oben rechts auf der Fläche wird das Kunstwerk „signiert".
Der Tischläufer aus weißem Baumwoll-Leinen hat eine fertige Größe von 32 x 60 cm.

Die Ecke, in der die Blüte liegen soll, wird bis zur Falzkante mit Vliesofix unterbügelt; so können anschließend die Segmente problemlos ausgeschnitten werden. (Damit der Vorgang gut zu erkennen ist, wurde das Vliesofix hier auf blauen Stoff gebügelt.)

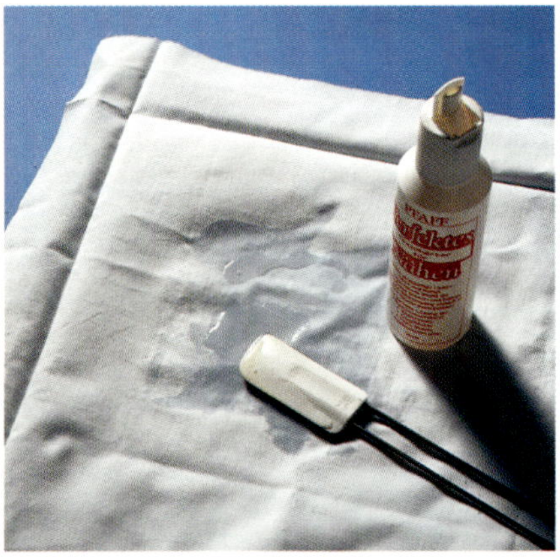

Mit Textilhärter eingestrichen, wird der Stoff hart und läßt sich ohne Stickrahmen besticken. Anschließend wird der Kleber wieder ausgewaschen, so daß der Stoff seine alte Weichheit zurückerhält.

Die vorgesehenen Aussparungen werden, der besseren Haltbarkeit wegen, zuerst mit einer Geradstichnaht umrahmt. Innerhalb dieser Naht werden dann die Segmente mit einer kleinen spitzen Schere sorgfältig ausgeschnitten. Danach werden die Stege genäht.

Material

- 43 x 72 cm Baumwoll-Leinen
- Stoffrest
- Nähgarn
- Maschinenstickgarn
- 10 cm Vliesofix
- Markierstift
- Textilhärter

Arbeitsablauf

▷ Saumkanten umbügeln
▷ Vliesofix in die linke obere Ecke bügeln
▷ Säumen
▷ Motiv aufzeichnen
▷ Blüten ausschneiden und sticken
▷ Restliches Motiv sticken

Bügeln Sie die Saumkanten 6 cm breit um, davon kippen Sie nochmals 1 cm ein. Legen Sie in die linke obere Ecke, an die Bügellinie des Saums stoßend, auf die linke Stoffseite ein Dreieck mit 10 cm Kantenlänge aus Vliesofix (ein beidseitig klebendes Vlies, s. Seite 13 und 94). Ziehen Sie das Papier von der Oberseite, schlagen Sie den Saum darüber, und nähen Sie die Ecken, wie auf Seite 15 beschrieben. Übersticken Sie die innenliegende Saumkante mit einer Raupennaht. Bügeln Sie den Saum, der Stoff in der linken oberen Ecke ist jetzt fest mit dem Vliesofix verbunden.
Bei einem sehr weichen oder sehr dünnen Stoff erleichtern Sie sich das Arbeiten, wenn Sie die zu bestickende Fläche mit Textilhärter versteifen. Zeichnen Sie nun das Motiv auf die Fläche. Für den Untergrund zeichnen Sie, in 10 cm Abstand von der Außenkannte beginnend, fünf waagerechte Linien mit zum Saum hin kleiner werdenden Abständen. Die Pflanze beginnt 13 cm von der rechten Außenkante auf der obersten waagerechten Linie mit einem langen, schlanken Blatt. Hinter dem Blatt schaut eine kleine Blüte hervor, links des Blatts, etwa in der Mitte des Läufers, setzt der Stengel an und läuft in einem leichten Bogen bis in die Saumecke mit der großen Blüte. Ein zweites Blatt kreuzt im Bogen den Stengel. Die Blütenblätter der kleinen Blüte sind durch eine Linie geteilt, im oberen Teil liegt der Stoff durch Applizieren doppelt, das untere Segment wird ausgeschnitten. Bei der großen Blüte werden die beiden großen Blütenblätter geteilt, ein Teil davon wird ausgeschnitten, die äußeren Knospenblätter ebenfalls; diese Segmente dürfen maximal 1 cm breit sein. Sticken Sie in jeweils ca. 1 cm Abstand zueinander Stege über die ausgeschnittenen Teile, indem Sie an jeder Kante zweimal die Nadel einstechen lassen und dann die dadurch gespannten Fäden mit einer Raupennaht übersticken. Umsticken Sie nun die Schnittkanten und die Applikation auf der kleinen Blüte. Danach werden, ebenfalls mit Raupennaht, die Untergrund-Linien mit Stichbreite 2 mm ausgeführt, und der Stengel, der mit 2,5 mm Stichbreite beginnt und zur Spitze hin schmaler (bis 1,5 mm) wird. Auch die Blattkonturen beginnen mit 2,5 mm Stichbreite und laufen in der Spitze bei 0 aus. Die Blätter und die Knospenblätter der großen Blüte werden mit Dreifachgeradstich ausgefüllt, ihr Stengelansatz mit bis zu 6 mm breiten Zickzackstichen. Ein Bogen überspannt den Blütenrand, ein Punkt setzt den Abschluß. Die kleine Blüte erhält vier kleine, versetzt aufgestickte Festonbögen.

Tischläufer in Sternform

Ein Tischläufer muß nicht immer rechteckig sein! Hier besteht der „Läufer" sogar aus drei Teilen: drei Rhomben, die übereiandergelegt einen Stern ergeben. Also ideal für eine weihnachtliche Tischdekoration, besonders, wenn das Ganze aus goldglänzendem Lurexstoff genäht ist. Auf einer grünen Unterdecke, möglichst bodenlang, wirkt dieser „Weihnachtsstern" besonders festlich. Bei einem kleinen Tisch deckt der Stern den Großteil der Tischplatte ab, bei einem großen bleibt zwischen den Strahlen Platz für die Gedecke.

Material

- 200 cm Lurexstoff, goldfarben, 150 cm breit
- Nähgarn
- Maschinenstickgarn in Goldmetallic
- Markierstift

Arbeitsablauf

▷ Zuschneiden
▷ Kanten versäubern
▷ Verstürzen
▷ Wenden, bügeln
▷ Ziersteppen

Die einzelnen „Strahlen" liegen doppelt, die beiden Teile werden verstürzt aneinandergenäht. Das Zuschneiden ist ganz einfach, wenn Sie in folgenden Schritten vorgehen: Legen Sie

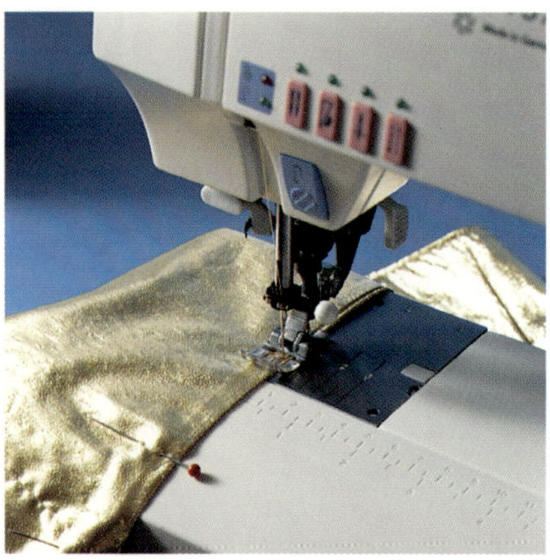

Steppen Sie mit einem Goldmetallicfaden knapp an der Kante entlang, damit die Kante stabiler wird.

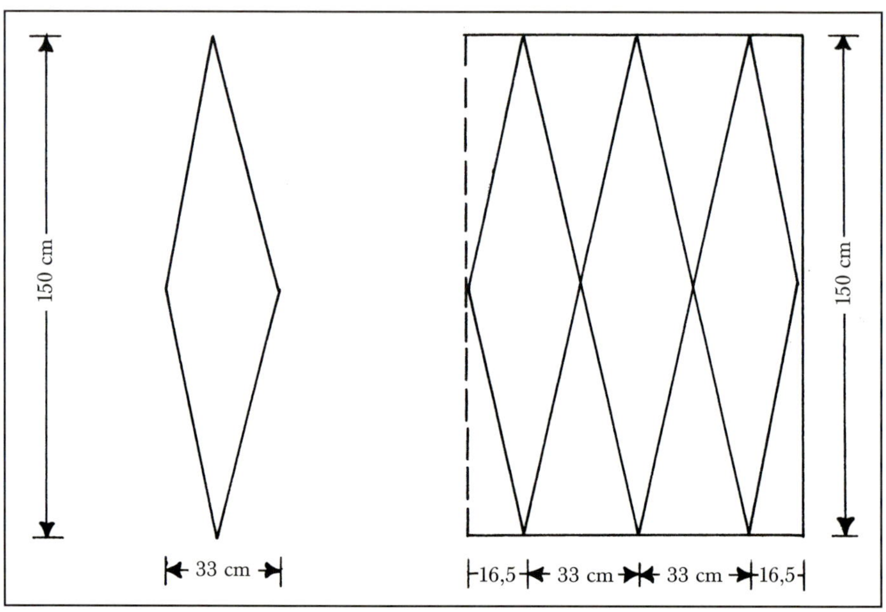

Auf einem größeren Tisch bleibt zwischen den Sternsegmenten jeweils Platz für ein Gedeck; passende Weihnachtsservietten aus dem grünen Unterstoff dürfen dann nicht fehlen.
Auf einen kleinen Tisch gelegt (Foto linke Seite), deckt der Stern die Tischplatte fast ganz zu, an den Seiten fallen die Spitzen lang herab.

den Stoff in der Länge doppelt, so daß die Fläche 100 x 150 cm groß ist. Markieren Sie davon die Mitte der Stoffbreite (= 75 cm). Auf dieser Linie markieren Sie dreimal 33 cm. An den beiden Außenkanten (Webkanten) beginnen Sie mit einer Markierung in 16,5 cm Abstand, dann folgen zweimal 33 cm und wieder 16,5 cm. Verbinden Sie die Punkte zu Rhomben (s. nebenstehende Zeichnung). Schneiden Sie die Rhomben durch beide Stofflagen hindurch zu.
Stoffe mit Metallfäden sind nicht sehr fest gewebt, daher sollten Sie die Kanten sorgfältig versäubern.
Legen Sie je zwei Rhomben rechts auf rechts und steppen Sie sie nahtbreit zusammen; lassen Sie seitlich 10 cm offen zum anschließenden Wenden.
Bügeln Sie die gewendeten Teile aus, und zwar mit einem nicht zu heißen Eisen und einem Bügeltuch, denn die Gewebefäden zwischen den Metallfäden sind aus Polyester und schmelzen sehr leicht. Mit Wasser angesprüht, werden die Kanten schön glatt.
Steppen Sie mit dem Goldmetallicgarn auf der rechten Stoffseite knapp an der Kante entlang und schließen Sie dabei den Wendeschlitz. Sollte das Metallicgarn zu leicht reißen (was an der Fadenspannung oder der Nadel liegen kann), verwenden Sie dunkelgraues Nähgarn.
Nähen Sie die runde Unterdecke, wie auf Seite 24 beschrieben, und dazu passende Servietten. Säumen Sie die Kanten der Servietten mit dem Rollsäumer (s. Seiten 12 und 80) und übersticken Sie sie gleichzeitig mit einer Raupennaht (Zickzackstich, Stichlänge 0,3 mm, Stichbreite 2 mm) in Goldmetallic. Der Saumanfang ist zwar etwas knifflig, doch danach läuft das Säumen und das Übersticken in einem Arbeitsgang ganz von allein.
Besitzen Sie eine Maschine mit programmierten Buchstaben, können Sie zusätzlich mit dem Goldmetallicgarn in eine Ecke jeder Serviette entweder ein Monogramm oder den Schriftzug „Frohe Weihnachten“ sticken.

Materialübersicht

Die im folgenden aufgezählten Produkte habe ich für die Modelle in diesem Buch verwendet und mit ihnen gute Erfahrungen gemacht. Es gibt sicher weitere Produkte mit ähnlich guten Eigenschaften von anderen Herstellern; daher erhebt diese Übersicht keinen Anspruch auf Vollständigkeit, sie soll Ihnen lediglich als Orientierungshilfe dienen.

Bänder:
Bandlitze: Ein schmales Flachgeflecht aus Baumwolle, in mehreren Breiten.
Nahtband: Ein fest gewebtes Baumwollband, in diversen Breiten und vielen Farben.
Satinband: Ein glänzendes, festes Band aus Polyester oder Viskose, in vielen Farben und Breiten.
Schrägband: Schräg zum Fadenlauf zugeschnittenes Band, daher leicht dehnbar. Erhältlich in unterschiedlichen Farben und Breiten, glatt oder vorgefalzt. Kann auch aus Stoff in schrägem Fadenlauf selbst zugeschnitten werden.
Alle Bänder im Kurzwarenhandel.
Golfband: Firmen Güth und Wolf, Gütermann.

Bordürenband: Gewebtes Band mit Motiven, meist mehrfarbig und aus Baumwolle. In verschiedenen Breiten als Meterware erhältlich. Kurzwarenhandel. Firmen Apart, Opel.

Einlagen/Vlieseline:
H 200: Leichte Einlage, einseitig aufbügelbar, in Schwarz und Weiß.
280: Volumenvlies, 90 cm breit.
281: Volumenvlies, 150 cm breit.
295: Volumenvlies, hochbauschige Wattierung, 150 cm breit, für Quilts.
Rasterquick: Verstärkende Unterlage mit Raster für Patchwork.
Stickvlies: Verstärkende Unterlage für das Sticken mit der Maschine.
Filmoplast H 54: Selbstklebende Stickunterlage.
Vliesofix: Doppelseitig klebendes, aufbügelbares Vlies für Applikationen.
Alle Produkte Firma Freudenberg.

Einzugskordel: Baumwollkordel in verschiedenen Stärken zum Einnähen in Bänder. Kaufhäuser, Polsterbedarfsgeschäfte.

Gardinenband: Festes Band mit eingewebter Kordel zum Einkräuseln oder Faltenlegen. In verschiedenen Kräuseldichten, z. B. 2 : 1. Firma Güth und Wolf.

HT2: Spezialkleber für Textilien, besonders für Applikationen. Klebt dauerhaft, die Klebenaht bleibt elastisch. Firma Gütermann.

Markierstifte:
Fabric Marker Pen: Zum Vorzeichnen auf Geweben und auf Stickvlies. Mit Wasser auflösbar. Firma Prym.
Magic Pen: Mit dünner und dicker Spitze. Löscht sich von selbst oder durch Wasser. Firma Madeira.
Silberstift: Zeichenstift für dunkle Textilien, nach der Wäsche unsichtbar. Firma Prym.
Zauberkreide: Für selbstlöschende Markierungen (nach 2 – 3 Tagen). Firma Prym.

Maschinenstickgarne:
Alkazar: aus 100 % Viskose/Rayon, stark glänzend, in 40 Farbtönen. Firma Mez.
Bobbinfil: Spezieller Unterfaden aus Polyester, dessen Verwendung sich besonders bei Stick- und Ziergarnen, Metallfäden und Rayongarn empfiehlt. In Weiß und Schwarz auf Rollen mit 500 m. Firma Madeira.
Bobbins Nr. 150: Unterfadenspulen zum Sticken, 160 m, in Weiß, für alle Nähmaschinen. Firma Madeira.
Cotona: Aus reiner Baumwolle in den Stärken 30, 50 und 80, matt, in 36 Farben erhältlich. Firma Madeira.
Dekor Bobbin: Maschinenstickgarn als Unterfaden, in Weiß und Schwarz, Firma Gütermann.
Dekor Metallic: Metallisiertes Maschinenstickgarn, in 20 Farben. Firma Gütermann.
Dekor: Maschinenstickgarn mit starkem Glanz und hoher Deckkraft, in 100 Farben. Firma Gütermann.
Maschinenstickgarn: Aus 100 % Baumwolle, matt, in ca. 80 Farben, auf Spulen zu 200 und 1000 m. Firma Mez.
Maschinenstick- und -stopfgarn M 202: Aus 100 % Polyester, seidig glänzend, sehr reißfest. In ca. 80 Farbtönen, auf 200-m-Spulen. Firma Gütermann.
Metallic Nr 40: Metallisiertes Stickgarn aus Polyester und Polyamid, in 36 Farbtönen. Spezielle Maschinensticknadel dazu erhältlich. Firma Madeira.
Multicolorgarn: Mehrfarbengarn aus Rayon und Baumwolle. Firmen Madeira, Mez.
Neongarn: Aus 100 % Polyester. Firma Madeira.
Ombrégarn: Aus Rayon/Viskose, in den Abstufungen jeweils einer Farbe. Mehrere Farben erhältlich. Firmen Madeira, Mez.
Rayongarn: Aus 100 % Viskose, in den Stärken 30 und 40, stark glänzend, in vielen Farben. Mit Bobbinfil als Unterfaden zu verwenden. Firma Madeira.
Spectra: Schillerndes Reflektgarn zum Sticken, in 6 Farben. Firma Madeira.

Nähgarne:
Allesnäher M 303: Sehr reißfestes, farbfestes, wasch- und bügelfestes Nähgarn aus 100 % Polyester. Stärke 100. Auf 50-, 100-, 200-m-Spulen bis 400 Farbtöne, auf 500-m-Spulen bis zu 48 Farben. Firma Gütermann.
Nähgarn: 100 % Baumwolle, wasch- und bügelfest, auf 100-m-Spulen, in ca. 400 Farben. Firma Mez.
Transparentgarn: Transparentes Kunststoffgarn, hell und dunkel, für unsichtbare Nähte. Firma Gütermann.
Monofil: Transparentes Nähgarn, hell und dunkel. Firma Madeira.

Nähmaschinennadeln:
In verschiedenen Stärken für jeden Verwendungszweck, erhältlich in den Stärken 60, 70, 80, 90, 100 zum Sticken und Nähen, mit stumpfer Spitze für Jersey. Firmen Pfaff, Prym, Schmetz, Singer.
Für Metallicgarn und Rayon mit großem Öhr und kleinem Einstich („eine für alles"). Firma Madeira.
Hohlsaumnadel: Schwertnadel zum Sticken von Hohlsäumen mit der Nähmaschine. Firmen Pfaff, Prym, Schmetz, Singer.
Stepp- oder Quiltnadel: Spezialnadel für das Nähen von Wattierungen. Firma Schmetz.
Zwillings- oder Doppelnadel: Zwei Nähmaschinennadeln in einer Halterung, die in einem Arbeitsgang zwei parallel verlaufende Geradstich- oder Zierstichnähte ausführen. Mit mehreren Nadelabständen erhältlich. Firmen Pfaff, Prym, Schmetz, Singer.

Nähmaschinen: Die abgebildeten Modelle zeigen die im Buch verwendeten Haushaltsnähmaschinen:

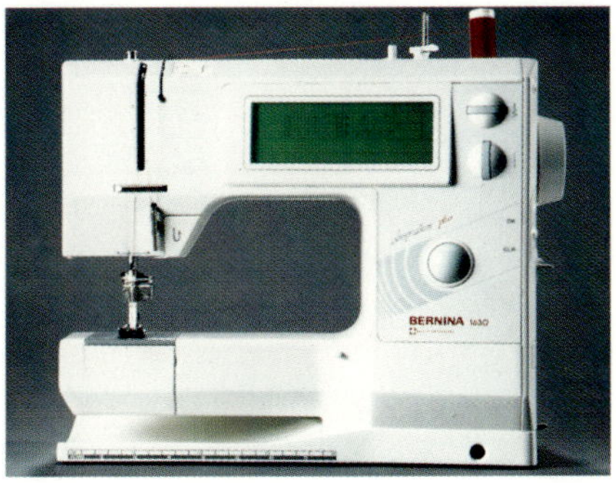

Bernina 1630, **Firma Bernina**

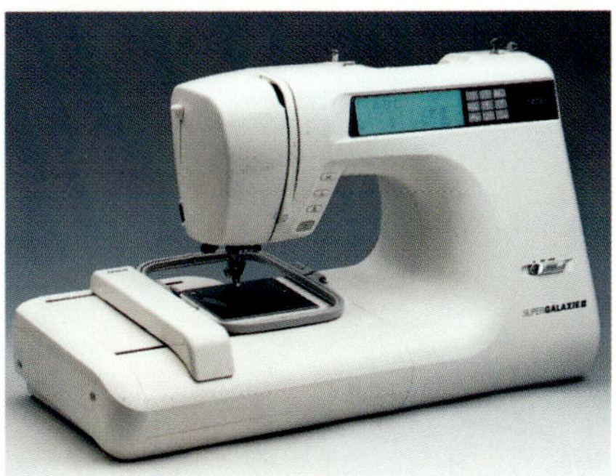

Brother Galaxie II, **Firma Brother**

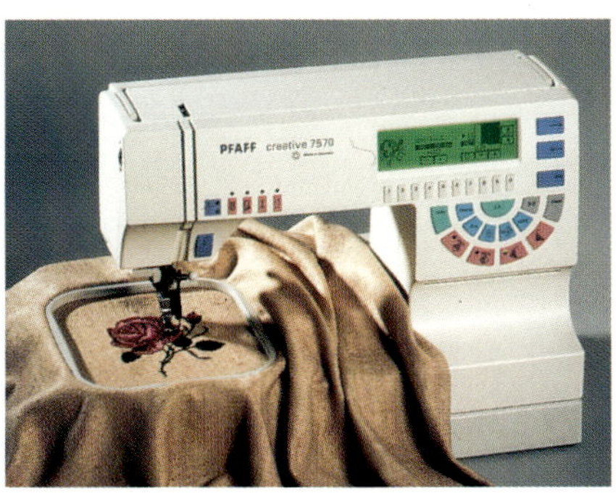

Pfaff Creative 7570, **Firma Pfaff**

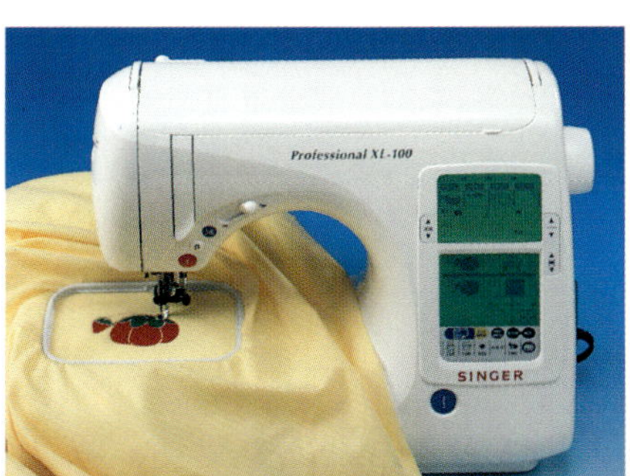

Singer Professinal XL 100, **Firma Singer**

Quiltlineal: Universal-Lineal mit gelb-schwarzem Raster. Ermöglicht genaue Markierungen auf dem Stoff und sichere Führung des Rollschneiders. In vier Größen. Firma Prym.

Quiltschablonen: Zum Aufzeichnen von Steppmustern. Viele Motive erhältlich. Firma Prym.

Rollschneider: Rundmesser, das vorwärts und rückwärts, gerade Strecken oder Kurven auch durch mehrere Lagen Stoff sowie andere Materialien schneidet. Es ist in den Ausführungen „Mini", „Maxi", „Jumbo" und „Multi" erhältlich. Nur mit Schneidematte zu verwenden. Firma Prym.

Saumfix: Hauchdünnes Vlies, 3 cm breit, das zwischen zwei Stofflagen gebügelt wird und diese fest miteinander verbindet. Firma Freudenberg. Als **Bügelnaht** von Firma Gütermann.

Scheren: Schneiderscheren, Stickscheren, Knopflochscheren. Firma Schlemming.

Schrägbandformer: Falzt die Kanten von Schrägstreifen gleichmäßig vor und erleichtert damit das Umbügeln. Für 12 und 25 mm fertige Breite erhältlich. Firma Prym.

Stecknadeln: In feiner Ausführung 30 mm lang aus Stahl. Auch als Glaskopfstecknadeln, extra lang und extra fein. Als Schwesternnadeln 48 mm lang. Firma Prym.

Stickrahmen: Zum Sticken mit der Nähmaschine bei dünnen und weichen Stoffen, in 6 und 12 cm Ø erhältlich, Firma Pfaff.
Als Stickring mit 13 und 18 cm Ø, Firma Madeira.
Stickrahmen für das automatische Sticken werden mit dem Stickautomaten geliefert.

Stoffe: Bis 300 cm Breite bei den Firmen Apart Heimtextilien Stoll und Opel Leinenweberei.

Textilfarben: Zum Auftragen mit dem Pinsel oder als Fasermaler. Nicht auswaschbar.
Flüssige Textil-Echtfarbe zum Färben in der Schüssel oder Waschmaschine für 30° und 60°, mit Fixierer, nach dem Waschen farbecht. Firma Simplicol/Heitmann.

Textilhärter: Zum Verstärken weicher und dünner Stoffe, so daß sie problemlos bestickt werden können. Auswaschbar. Firma Pfaff.

Wattierung: siehe unter Einlagen/Vlieseline.

Zwirnknöpfe: Mit weißem Zwirn bespannte Wäscheknöpfe in 10, 16 und 19 mm Ø. Sehr gut färbbar. Firma Prym.

Herstelleradressen

Sollte es vorkommen, daß Sie eines der in diesem Buch angegebenen Produkte oder Werkzeuge im Fachhandel nicht erhalten, wenden Sie sich am besten direkt an den Hersteller; dort hilft man Ihnen auf jeden Fall weiter. Hier die wichtigsten Adressen:

Apart Heimtextilien Stoll,
Bahnhofstr. 7 67377 Gommersheim
Bernina,
Auestr. 20, 67346 Speyer
Brother International,
Im Rosengarten 14, 61118 Bad Vilbel
Coats Mez,
Kaiserstr. 1, 73941 Kenzingen
Freudenberg Faservliesstoffe (Vlieseline),
Postfach 100363, 69465 Weinheim
Gütermann,
Landstr. 1, 79261 Gutach/Breisgau
Güth und Wolf,
Postfach 1751, 3330 Gütersloh
Heitmann,
Postfach 1163, 34401 Warburg
Madeira,
Postfach 320, 79106 Freiburg
Opel Leinenweberei,
Lautererstr. 48, 36341 Lauterbach
Pfaff,
Gritznerstr. 11 76227 Karlsruhe
Prym,
Postfach 1740, 52220 Stolberg
Schlemming,
Brunnenstr. 22, 33602 Bielefeld
Schmetz,
Postfach 1140, 52134 Herzogenrath
Singer,
Gritznerstr. 11, 76227 Karlsruhe